U0319972

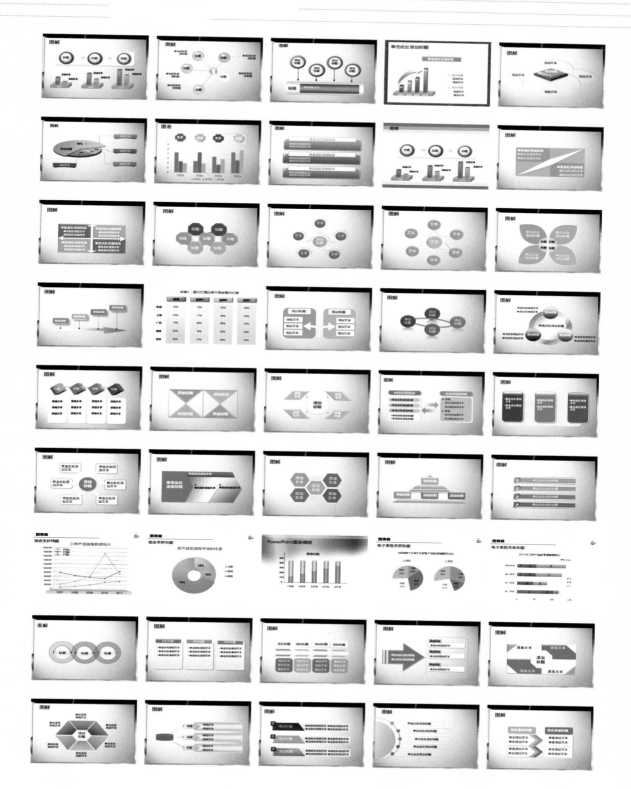

新手学五笔打字+

Office 2013 电脑办公
从入门到精通

神龙工作室 孙小淋 编著

人民邮电出版社

北京

图书在版编目（CIP）数据

新手学五笔打字+Office 2013电脑办公从入门到精通/
神龙工作室，孙小淋编著． —— 北京：人民邮电出版社，
2016.3（2017.10 重印）
ISBN 978-7-115-41539-4

Ⅰ. ①新… Ⅱ. ①神… ②孙… Ⅲ. ①五笔字型输入
法②办公自动化－应用软件 Ⅳ. ①TP391.14；TP317.1

中国版本图书馆CIP数据核字(2016)第006887号

内 容 提 要

　　本书是指导初学者学习五笔打字和 Office 办公软件的入门书籍。本书详细地介绍了五笔打字的基础知识和操作技巧，对初学者在使用 Office 2013 进行电脑办公时经常遇到的问题进行了专家级的指导，并对公司如何构建电脑办公平台、实现高效办公进行了案例剖析。全书分 3 篇，共 17 章。第 1 篇介绍五笔打字的前期准备、基础知识和输入方法。第 2 篇介绍 Word、Excel 和 PowerPoint 三大办公软件的基础知识和高级应用。第 3 篇介绍如何搭建电脑办公平台、共享局域网内的办公资源、网上办公、收发电子邮件、常用辅助办公软件及办公设备的使用等内容。

　　本书附带一张精心开发的专业级 DVD 格式的电脑教学光盘。该光盘采用全程语音讲解的方式，紧密结合书中的内容对各个知识点进行深入的讲解，提供长达 8 小时的与本书同步的视频教学演示。同时，光盘中附有包含 8000 个常用汉字的五笔编码电子字典、2 小时高效运用 Word/Excel/PPT 视频讲解、8 小时财会办公/人力资源管理/文秘办公/数据处理与分析/表格设计实战案例视频讲解、900 套 Word/Excel/PPT 2013 实用模板、办公设备和常用软件的视频教学、电脑日常维护与故障排除及常见问题解答等内容。

　　本书既适合五笔打字和 Office 办公软件初学者阅读，又可以作为大中专类院校或者企业的培训教材，同时对有经验的 Office 使用者也有很高的参考价值。

◆ 编　　著　　神龙工作室　孙小淋
　　责任编辑　　马雪伶
　　责任印制　　杨林杰

◆ 人民邮电出版社出版发行　　北京市丰台区成寿寺路 11 号
　　邮编 100164　　电子邮件 315@ptpress.com.cn
　　网址 http://www.ptpress.com.cn
　　北京中石油彩色印刷有限责任公司印刷

◆ 开本：787×1092　1/16
　　印张：22.75　　　　　　　　　　彩插：1
　　字数：552 千字　　　　　　　　2016 年 3 月第 1 版
　　印数：5 901－6 500 册　　　　　2017 年 10 月北京第 7 次印刷

定价：49.00 元（附光盘）
读者服务热线：(010)81055410　印装质量热线：(010)81055316
反盗版热线：(010)81055315
广告经营许可证：京东工商广登字 20170147 号

打字是使用电脑最基本的一项操作，几乎在任何时候都会用到打字这一基本功能，如编写电子邮件、做会议记录以及制作企业策划案等。Office作为一款常用的办公软件，它具有操作简单和极易上手等特点，在职场办公中发挥着不可替代的作用，然而要想真正熟练运用它来解决日常办公中遇到的各种问题却并非易事。为了满足广大读者的需要，我们针对不同学习对象的掌握能力，总结了多位打字高手、Office办公软件应用高手、无纸化办公专家的职场经验，精心编写了本书。

写作特色

■ **实例为主，易于上手**：全面突破传统的按部就班讲解知识的模式，模拟真实的工作环境，以实例为主，将读者在学习的过程中遇到的各种问题以及解决方法充分地融入实际案例中，以便读者能够轻松上手，解决各种疑难问题。

■ **高手过招，贴心周到**：通过"高手过招"栏目提供精心筛选的打字技巧、Office软件应用技巧以及办公设备使用技巧，以专家级的讲解帮助读者掌握职场办公中应用广泛的办公技巧。

■ **提示技巧，贴心周到**：对读者在学习过程中可能遇到的疑难问题都以提示技巧的形式进行了说明，使读者能够更快、更熟练地运用各种操作技巧。

■ **双栏排版，超大容量**：采用双栏排版的格式，信息量大。在350多页的篇幅中容纳了传统版式400多页的内容。这样，我们就能在有限的篇幅中为读者提供更多的知识和实战案例。

■ **一步一图，图文并茂**：在介绍具体操作步骤的过程中，每一个操作步骤均配有对应的插图，以使读者在学习过程中能够直观、清晰地看到操作的过程及其效果，学习更轻松。

■ **书盘结合，互动教学**：配套的多媒体教学光盘与书中内容紧密结合并互相补充。在多媒体光盘中，我们仿真模拟工作生活中的真实场景，让读者体验实际应用环境，并借此掌握工作生活所需的知识和技能，掌握处理各种问题的方法，并在合适的场合使用合适的方法，从而能学以致用。

光盘特点

■ **超大容量**：本书所配的DVD格式光盘的播放时间长达18小时，涵盖书中绝大部分知识点，并做了一定的扩展延伸，克服了目前市场上现有光盘内容含量少、播放时间短的缺点。

■ **内容丰富**：光盘中不仅包含8小时与书本内容同步的视频讲解、本书实例的原始文件和最终效果，同时赠送以下4部分内容。

（1）8000个常用汉字的五笔编码查询字典，有助于读者提高打字能力；

（2）2小时高效运用Word/Excel/PPT视频讲解、8小时财会办公/人力资源管理/文秘办公/数据处理与分析实战案例视频讲解，帮助读者拓展解决实际问题的思路；

（3）900套Word/Excel/PPT 2013实用模板，1200个Office 2013应用技巧的电子书，300页Excel函数使用详解电子书，帮助读者全面提高工作效率；

（4）多媒体讲解打印机、扫描仪等办公设备及解/压缩软件、看图软件等办公软件的使用，300多个电脑常见问题解答，有助于读者提高电脑综合应用能力。

■ **解说详尽**：在演示各个打字实例和Office软件办公实例的过程中，对每一个操作步骤都做了详细的解说，使读者能够身临其境，提高学习效率。

■ **实用至上**：以解决问题为出发点，通过光盘中一些经典的打字和办公软件应用实例，全面涵盖了读者在学习和使用五笔输入法和Office办公软件进行日常办公中所遇到的问题及解决方案。

配套光盘运行特点

① 将光盘印有文字的一面朝上放入光驱中，几秒钟后光盘就会自动运行。

② 若光盘没有自动运行，在光盘图标上单击鼠标右键，在弹出的快捷菜单中选择【自动播放】菜单项（Windows XP系统），或者选择【安装或运行程序】菜单项（Windows 8系统）即可。

③ 建议将光盘中的内容安装到硬盘上观看。在光盘主界面中单击【安装光盘】按钮，弹出【选择安装位置】对话框，从中选择合适的安装路径，然后单击 确定 按钮即可完成安装。

④ 以后观看光盘内容时，只要单击【开始】➤【所有程序】➤【从入门到精通】【《新手学五笔打字+电脑办公从入门到精通》】菜单项就可以了。如果光盘演示画面不能正常显示，请双击光盘根目录下的tscc.exe文件，然后重新运行光盘即可。

⑤ 如果想要卸载光盘，依次单击【开始】➤【所有程序】➤【从入门到精通】【卸载《新手学五笔打字+电脑办公从入门到精通》】菜单项即可。

本书由神龙工作室组织编写，孙小淋编著，参与资料收集和整理工作的有孙冬梅、唐杰、等。由于作者水平有限，书中难免有疏漏和不妥之处，恳请广大读者不吝批评指正。

本书责任编辑的联系信箱：maxueling@ptpress.com.cn。

编者

高手过招

第6章
Word 2013 高级应用

 光盘演示路径：
Office软件办公\Word 2013 高级应用

高手过招

高手过招

  ✳ 显示隐藏后的工作表

第9章
PowerPoint 2013基础应用

 光盘演示路径：
Office软件办公\PowerPoint 2013 基础应用

第10章
PowerPoint 2013高级应用

 光盘演示路径：
Office软件办公\PowerPoint 2013 高级应用

高手过招

＊ 快速设置幻灯片的切换效果

第3篇
全能办公

第11章
搭建电脑办公平台

光盘演示路径：
全能办公\搭建电脑办公平台

高手过招

＊ 更改用户账户的头像

第12章
共享局域网内的办公资源

光盘演示路径：
全能办公\共享局域网内的办公资源

高手过招

＊ 限制共享用户个数
＊ 结束没有响应的程序

第16章
常用办公设备的使用

 光盘演示路径：
办公软件及设备的应用\常用办公设备

高手过招

　＊　个人电脑如何通过公司打印机进行打印

第17章
电脑的维护与安全

光盘演示路径：
电脑的安全与维护

高手过招

　＊　关闭多余的开机启动项
　＊　系统加速

第1篇

五笔打字

本篇从键盘的基础知识讲起，主要介绍有关五笔打字的基础知识及学习五笔打字所必需的专业知识。

第1章

五笔打字前的准备工作

五笔打字前，用户应该首先了解键盘相关的基础知识、正确的坐姿、基本的指法、键位的练习以及五笔字形输入法的安装方法。

光盘链接

关于本章的知识，本书配套教学光盘中有相关的多媒体教学视频，请读者参见光盘中的【五笔字型输入法入门】。

1.1 正确使用键盘

要进行打字首先要熟悉打字用到的工具——键盘，掌握打字过程中的指法和打字要用到的输入法等基础知识。

1.1.1 认识键盘

键盘是在计算机上输入数据的重要途径之一，是用户进行打字和应用电脑的基础，本章将向用户介绍键盘的基本操作及正确的指法分区。

随着电脑技术的发展，键盘也经历了从83键、84键、101键到102键的变化，后来又出现了更加符合人体工学的107键，下面就以107键盘为例来介绍键盘的布局。107键盘主要有功能键区、编辑键区、主键盘区、数字键区、指示灯区等部分组成（见第5页的插图）。

1. 功能键区

功能键区位于键盘的最上方，包括【Esc】键、【F1】键至【F12】键以及右侧的3个键，这些功能键的作用主要根据具体的操作系统或者应用程序而定。

2. 编辑键区

编辑键区位于键盘的中间部位，也称为光标控制区，共有13个键组成，主要用于控制或移动光标，这些键简要介绍如下。

◯ 插入/改写键【Insert】

该键用作在编辑文本时更改插入/改写的状态，该键的系统默认状态是"插入"状态，在"插入"状态下，输入的字符插入到光标处，同时光标右侧的字符依次向后移一个字符位置，这时按下【Insert】键即可改成"改写"状态，这时在光标处输入的文字将向后移动并覆盖原来的文字。

◯ 屏幕打印键【Print Screen SysRq】

在Windows系统中，如果电脑没有连接打印机，按下此键可以将屏幕中所显示的全部内容以图片的形式放到剪贴板中。如果使用【Alt】+【Print Screen SysRq】组合键，则将截取当前窗口的图像。当和【Shift】键配合使用时，则是把屏幕当前显示的信息输出到打印机上。

◯ 删除键【Delete】

在文字编辑状态下，按下此键即可将光标后面的字符删除；在窗口状态下按下此键，可将选中的文件删除。

◯ 前翻页键【Page Up】

单击此键可将光标快速前移一页，所在的列不变。

◯ 后翻页键【Page Down】

单击此键可将光标快速后移一页，所在的列不变。

◯ 起始键【Home】

该键的功能是快速移动光标至当前编辑行的行首。

◯ 终点键【End】

该键的功能是快速移动光标至当前编辑

行的行尾。

⚪ 屏幕滚动键【Scroll Lock】

单击此键可实现屏幕的滚动，再单击此键即可实现屏幕停止滚动。

⚪ 暂停/中断键【Pause Break】

该键单独使用时是暂停键【Pause】，其功能是暂停系统操作或屏幕显示输出。单击此键将暂停系统当前正在进行的操作。当和【Ctrl】键配合使用时，则是中断键【Break】，其功能是强制终止当前程序的运行。

⚪ 光标键

光标键就是位于编辑区下方的4个带箭头的键【↑】、【↓】、【←】、【→】，箭头所指方向就是光标所要移动的方向。

3. 主键盘区

主键盘区位于键盘的左侧，由26个英文字母键、10个阿拉伯数字键、一些特殊符号键和一些控制键组成。该区是用户操作电脑使用频率最高的键盘区域。

在学习打字之前最主要的是要熟悉主键盘区的各个键的功能，除了英文字母键和数字键外，下面就重点介绍一下各个控制键的功能。控制键位于字母键的两侧，为了方便用户的操作，在空格键的左右两侧各有一个【Shift】键、【Ctrl】键和🪟键，相同的键的功能是相同的。

⚪ 【Caps Lock】键

【Caps Lock】键也称为大小写字母锁定键。系统启动后默认的是小写字母状态，这时键盘右上方的【Caps Lock】指示灯是不亮的，按字母键输入的都是小写字母。按下【Caps Lock】键，对应的指示灯亮了，这时再按下字母键输入的就是大写字母了。

⚪ 【Tab】键

【Tab】键又称为跳格键或者制表位键。按下此键，可以使光标向右移动一个制表位。

⚪ 【Space】键

【Space】键又称为空格键，它是键盘上最长的一个键。按下该键即可输入一个空白的字符，光标向右移动一格。

⚪ 【Ctrl】键和【Alt】键

【Ctrl】键在打字键区的最后一行，左右各有一个。【Alt】键又称为变换键，在主键盘下方靠近空格键处，左右各有一个。【Ctrl】键和【Alt】键必须和其他的键配合才能实现各种功能，这些功能是在操作系统或其他应用软件中设定的。例如【Ctrl】+【C】组合键实现复制，【Ctrl】+【V】组合键实现粘贴。

⚪ 【Enter】键

【Enter】键是主键盘区使用频率最高的一个键，它又称为回车键或换行键，它在运行程序时起到确认的作用，在编辑文字时起到换行的作用。

⚪ 【Shift】键

该键又称为上档键或换档键，在键盘的左右两端各有一个。按住【Shift】键不放再按其他的符号键，则会显示该符号键上方的符号，或者是字母A到Z的大小写转换。它还可以与别的控制键组合成快捷键。该键不能单独使用。

⚪ 【Windows】键

该键也称为Windows徽标键，在【Ctrl】键和【Alt】键之间，主键盘左右各一个，由键面的标志符号🪟是Windows操作系统的徽标而得名。此键通常和其他键配合使用，单独使用时的功能是打开【开始】菜单。

4. 数字键区

数字键区也称为小键盘、副键盘或数字/光标移动键盘，其主要用于数字符号的快速输入。在数字键盘中，各个数字符号键的分布紧凑、合理，适合单手操作，在录入内容为纯数字符号的文本时，使用数字键盘比使用主键盘更加方便，更有利于提高输入的速度。

其中【Num Lock】是数字锁定键，按下该键，键盘上的【Num Lock】灯亮，此时可以按小键盘上的数字键输入数字；再按一次【Num Lock】键，该指示灯灭，数字键则可以作为光标移动键使用。

5. 指示灯区

键盘的右上角就是指示灯区，从左到右分别为【Num Lock】指示灯、【Caps Lock】指示灯、【Scroll Lock】指示灯。

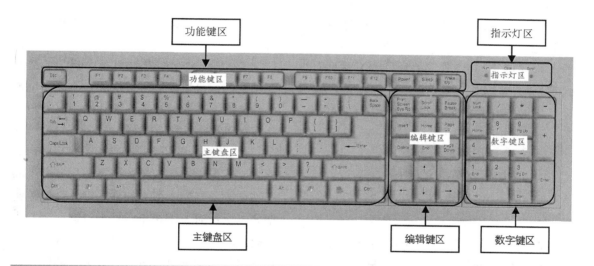

1.1.2 正确的坐姿

随着电脑的普及，计算机的使用频率越来越高，要正确高效地使用计算机，除了要掌握必要的计算机基础知识外，还要有正确的坐姿。正确的坐姿不仅能提高用户的打字速度，同时也有利于自己的身体健康。

正确的打字姿势应该是：身体躯干挺直而微前倾，全身自然放松；桌面的高度以肘部与台面相平的高度为宜；上臂和双肘靠近身体，前臂和手腕略向上倾，使之与键盘保持相同的斜度；手指微曲，轻轻悬放在与各个手指相关的基键上；双脚踏地，踏地时双脚可稍呈前后参差状；除了手指悬放在基键上，身体的其他任何部位不能搁放在桌子上，如图所示。

1.1.3 指法规则

熟练地使用键盘不仅需要熟悉键盘的分布、正确的打字姿势，还要记住手指的键位分工和指法规则，这样才能快速提高自己打字的速度。

1. 键盘指法分工

键盘指法分工也就是在练习打字时的指法规则，即各个手指在使用键盘时应该摆放的正确位置和它们所管辖的键位。每个手指都有它们各自的区域，各个手指应该各自负责，不能超越自己管辖的区域。在键盘的第三排中的8个字符键【A】、【S】、【D】、【F】、【J】、【K】、【L】、【;】被称为基准键或者导位键。

手指基准键位的摆放位置

基准键和空格键是10个手指不击键时停留的位置，通常将左手小指、无名指、中指、食指分别置于【A】、【S】、【D】、【F】键上，左手拇指自然向掌心弯曲，将右手食指、中指、无名指、小指分别置于【J】、【K】、【L】、【;】键上，右手拇指轻置于空格键上。多数情况下手指从基准键出发分工打击各自键位。

各个手指的分工如下图所示

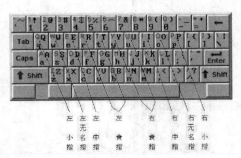

2. 正确的击键方法

用户在使用键盘时不仅要掌握正确的指法规则，还要掌握正确的击键方法，这样才能提高打字的速度。

正确的击键方法如下。

（1）用指尖部分击键，但不要用手指甲击键。

（2）击键时伸出手指要果断、迅速。击过之后要习惯性地将手指放回原来的位置上，使得击其他键时平均移动的距离缩短，从而有利于提高击键的速度。

（3）击键时的力度要适当，过重则声音太响，不但会缩短键盘的使用寿命，而且易于疲劳。太轻则不能有效地击键，会使差错增多。击键时，手指不宜抬得过高，否则击键时间与恢复时间太长，影响输入的速度。初学者要熟记键盘和各个手指分管的键位，这对达到操作自如的程度是非常重要的。各个手指一定要各负其责，千万不要为了方便而"相互帮忙"，刚练习时养成的错误指法以后再纠正就非常困难了。为了更好地掌握击键方法，请按照五字歌练习。

手腕要平直，手臂贴身体。

手指稍弯曲，指尖键中央。

输入才击键，按后往回放。

拇指按空格，千万不能忘。

眼不看键盘，忘记想一想。

速度要平均，力量不可大。

1.2 各键位的指法练习

只记住了手指的键位分工、正确的打字姿势以及击键的规则，并不代表就能熟练地使用键盘。要想弹指如飞，还必须进行大量的指法练习。

1.2.1 打开记事本

记事本是一款小巧方便的纯文本编辑器。虽然小，但是利用它可以书写便条和备忘录，编辑系统文件以及网页源代码等。

单击【开始】按钮，指向【所有程序】➤【附件】➤【记事本】菜单项，即可打开【记事本】窗口。用户可以在该窗口中进行打字练习。

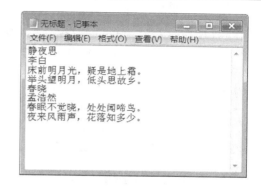

1.2.2 标准键位的指法练习

打开记事本，将输入法切换到英文状态下，下面开始各种键位的指法练习。

1. 基准键位练习

1 按照前面讲的键位分布，依次将左右手指放在相应的基准键上，练习输入基准键位上的字母或符号。

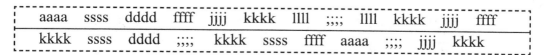

2 手指在相邻和不相邻的基准键位上敲击，进一步加深手指对基准键位的印象。

```
sdlk  jakf  kjas  ;kjs  sdja  jfks  a;ls  jdls  s;df  askd  k;ls
jkdl  sla;  dakl  ;kdf  dlk;  sakj  kdsl  sadf  kjd;  jksl  sal;
```

3 手指在相邻和不相邻的基准键位上敲击，进一步加深手指对基准键位的印象。

```
sdjk  ld;s  jksa  kjla  sl;a  ;lks  klsa  slka  f;ls  s;dl  klsa
kld;  ;lsa  dsal  skla  ;lka  flks  sl;d  a;ls  skla;  fkls  l;ak
```

2. 左手上、下排键位练习

1 下面进行左手上、下排键位的指法练习。在练习的过程中依然要按照指法分工，切记在敲击完键位后手指要立即返回基准键位。

```
1111  qqqq  aaaa  zzzz  xxxx  sssss  wwww  2222  3333  eeee
vvvv  ffff  rrrr  4444  5555  tttt  gggg  bbbb  1qsx  2wsx  3edc
```

2 尽量不要看键盘，输入下面的字母和数字，练习"盲打"。

```
1234  3213  qere  asdf  zcvc  sadf  vfre  asdf  w32a  sdfa  sdfe
sdds  adas  dsaw  13sa  dsad  wwe2  1221  sdaf  qwws  3edc
```

3. 右手上、下排键位练习

接下来练习右手上、下排键位练习。

1 输入下面的字母、符号和数字，熟悉每个手指所管辖的范围。

```
6666  yyyy  hhhh  nnnn  mmmm  jjjj  uuuu  7777  llll  kkkk
oooo  pppp  0000  9999  ////  8888  iiii  kkkk  ,,,,  ....  ;;;;  jjij
```

2 尽量不要看键盘，输入下面的字母、符号和数字，练习"盲打"。

```
pujm  kimo  komy  ;poi  iojn  mi8o  komh  klmh  nm98  n97i
90ki  mkum  komu  09ij  mumk  iujn  m08j  jiun  koum  9ujh
```

4. 大小写指法练习

进行大小写字母的转换练习需要利用【Caps Lock】键和【Shift】键，两键可以综合使用以提高效率，具体的操作步骤如下。

1 按【Caps Lock】键切换到大写输入状态，即可在记事本中输入大写字母了，再次按下【Caps Lock】键退出大写状态。

```
ASDF  IEND  FDOE  FSDO  EOGF  FOWD  FKRO  FKOW
OQNF  FRAR  FRIA  OGNA  YUEN  DIAD  FEWI  WOJI
```

2 在小写字母状态下，按住【Shift】键不放，同时按字母键即可输入大写字母，松开【Shift】键后输入的即为小写字母。

> Asfd　IdNr　FesE　dsaO　Osfd　Fdsf　Fvfs　fKOe　OaMa　Odsf
> Osad　Ffdr　FRIA　sdfg　gUgN　DddD　rEWr　rOrr　AraI　rOrS

5. 数字键位练习

下面进行数字键位的练习。首先应该确认键盘右上方的【Num Lock】指示灯已经打开，若该指示灯没有打开，则需按【Num Lock】键，然后才能输入以下的数字和符号。

> 123456789　9874561235　897+79816　45.03++*/-　651+-5820　4586
> +12.5656　06456.1503　481611+16　+9710　4515616161　9*/79*2

6. 符号键位练习

在中文状态下输入的符号与在英文状态下输入的符号有所不同。中文状态下输入的符号与英文状态下输入的符号的对比如下所示。

键位符号	英文状态	中文状态
.	.	。
\	\	、
: （【Shift】+【;】）	:	：
;	;	；
? （【Shift】+【/】）	?	？
! （【Shift】+【1】）	!	！
@ （【Shift】+【2】）	@	@
# （【Shift】+【3】）	#	#
$ （【Shift】+【4】）	$	￥
% （【Shift】+【5】）	%	%
^ （【Shift】+【6】）	^	……
& （【Shift】+【7】）	&	&
* （【Shift】+【8】）	*	*
(（【Shift】+【9】）	(	（
) （【Shift】+【0】）	)	）
_ （【Shift】+【-】）	_	——
+ （【Shift】+【=】）	+	+
| （【Shift】+【\】）	|	|
{ （【Shift】+【[】）	{	{
} （【Shift】+【]】）	}	}

1.2.3 使用金山打字通练习

如果在练习指法的过程中只使用记事本会非常枯燥，而且也不能准确了解自己打字的速度，而使用专门的打字练习软件既可以让用户准确掌握自己的打字速度，又可以让用户对打字练习充满兴趣，一举两得。

1. 安装金山打字通 2013

金山打字通是一款较常用的优秀的打字指法练习软件，下面就以金山打字通2013为例来介绍如何进行指法的练习。在各大网站都有金山打字通软件的下载地址，用户可以根据自己的需要进行下载和安装，具体的安装步骤如下。

1 双击安装文件setup.exe，随即弹出【金山打字通 2013 SP2安装】对话框。

2 单击 下一步(N) > 按钮，即可弹出【许可证协议】对话框，用户在安装软件之前需要阅读授权协议，了解之后单击 我接受(I) 按钮。

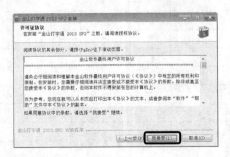

3 弹出【WPS Office】对话框，由于用户已经安装了Office 2013软件，因此撤选【WPS Office，让你的打字学习更有意义（推荐安装）】复选框。

4 单击 下一步(N) > 按钮，弹出【选择安装位置】对话框，此时【目标文件夹】文本框中显示了系统默认的安装路径，即安装在C盘，由于C盘为系统盘，因此软件尽量避免安装在C盘，用户可以单击 浏览(B)... 按钮来选择路径。

5 弹出【浏览文件夹】对话框，在列表框中选择安装此软件的文件夹位置，然后单击 确定 按钮。

6 返回【选择安装位置】对话框中，即可在【目标文件夹】文本框中看到选择好的安装位置。

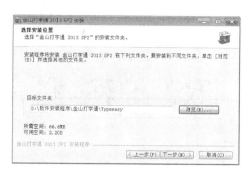

7 单击 下一步(N) > 按钮，弹出【选择"开始菜单"文件夹】对话框，保持默认设置不变，单击 安装(I) 按钮。

8 弹出【安装 金山打字通 2013 SP2】对话框，在该对话框中显示安装进程。

9 安装完毕弹出【软件精选】对话框，在对话框中显示了多种软件，用户可以根据需要选择软件，这里全部撤选。

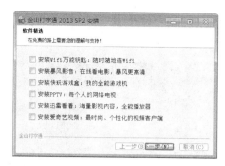

10 单击 下一步(N) 按钮，弹出【正在完成"金山打字通 2013 SP2"安装向导】对话框，撤选【查看 金山打字通 2013 SP2 新特性】和【创建淘宝特卖桌面图标】复选框，单击 完成(F) 按钮，即可完成金山打字通的安装。

2. 启动金山打字通

1 单击【开始】按钮 ，在弹出的下拉列表中选择【金山打字通】选项。

2 打开金山打字通 2013程序界面，选择【新手入门】选项。

3 弹出【登录】对话框，可以看到用户登录分为两步：Step1:创建昵称和Step2:绑定QQ。在【创建一个昵称】文本框中输入昵称名，例如输入"神龙"，然后单击 下一步 按钮。

4 进入【Step2:绑定QQ】操作界面，在该界面中可以看到，只有绑定QQ后才可以保存打字记录、漫游打字成绩和查看全球排名。

5 单击 绑定 按钮，弹出【QQ登录】对话框，用户可以快速登录，也可以使用账号密码登录，这里介绍使用账号密码登录。切换到【账号密码登录】选项卡，在【支持QQ号/邮箱/手机号】文本框中输入QQ号，在【密码】文本框中输入QQ密码。

6 单击 授权并登录 按钮，即可绑定QQ号，并自动关闭该对话框，返回【金山打字通2013】界面中。用户可以根据自己的实际情况选择新手入门、英文打字、拼音打字和五笔打字等选项进行练习。

7 选择【英文打字】选项，弹出一个提示对话框，提示用户"进入练习前，先选择一种练习模式吧！"，用户可以根据自己的实际情况选择自由模式或关卡模式，这里选择"自由模式"。

8 单击 确定 按钮，然后在界面中再次选择【英文打字】选项，弹出【拼音打字】界面，该界面包括单词练习、语句练习和文章练习3项，用户可以自由选择。

9 选择【单词练习】选项，弹出【第一关：单词练习】界面，将输入法切换到英文状态即可进行打字练习。

1.3 使用五笔字型输入法

要进行五笔打字的学习，首先要在电脑上安装五笔字型输入法，下面以搜狗五笔输入法为例介绍五笔字型输入法的安装与使用。

各个版本的五笔字型输入法的安装方法大致相同，下面就以搜狗五笔输入法为例进行介绍。

1. 五笔输入法的安装

1 双击搜狗五笔安装程序，弹出【欢迎使用"搜狗五笔输入法 2.0正式版"安装向导】对话框，单击 下一步(N) > 按钮。

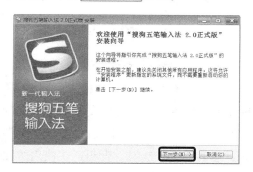

2 弹出【许可证协议】对话框，用户在安装搜狗五笔输入法之前，阅读授权协议，然后单击 我接受(I) 按钮。

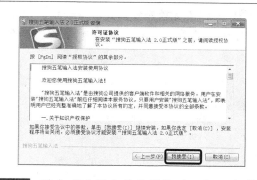

3 弹出【选择安装位置】对话框，在【目标文件夹】文本框中显示系统默认的安装位置，单击 浏览(B)... 按钮。

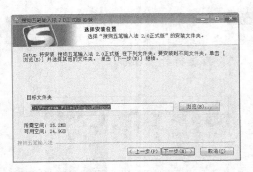

4 弹出【浏览文件夹】对话框，在【选择要安装 搜狗输入法 2.0正式版 的文件夹位置：】列表框中选择合适的安装位置，然后单击 确定 按钮。

5 返回【选择安装位置】对话框，即可在【目标文件夹】文本框中看到用户选择的安装位置。

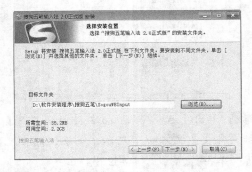

6 单击 下一步(N) > 按钮，弹出【选择"开始菜单"文件夹】对话框，保持默认设置不变，单击 安装(I) 按钮。

7 弹出【正在安装】对话框，显示软件安装进程。

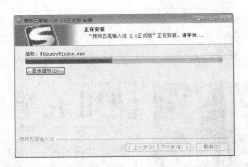

8 弹出【正在完成"搜狗五笔输入法 2.0正式版"安装向导】对话框，显示该软件已安装在你的系统，单击 完成(F) 按钮即可。

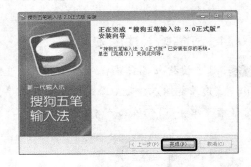

2. 切换成五笔输入法

单击任务栏右下角的输入法按钮 S ，在弹出的菜单中选择【中文（简体）搜狗五笔】菜单项，此时【中文（简体）搜狗五笔】菜单项前面打勾，表明正在使用的输入法是搜狗五笔输入法。

高手过招

快速找回任务栏中丢失的语言栏

1 在任务栏处单击鼠标右键，在弹出的快捷菜单中指向【工具栏】菜单项，在工具栏菜单项中的【语言栏】菜单项前面打勾。

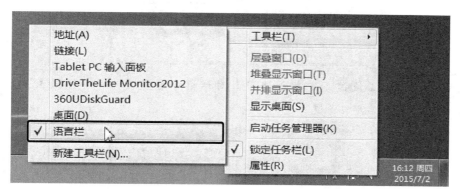

2 即可将语言栏添加到任务栏中。

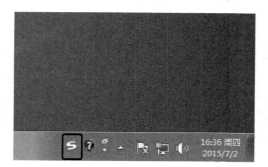

如何启用粘滞键

1 打开控制面板对话框，在对话框中选择【轻松访问】选项。

2 在弹出的【轻松访问】对话框中选择【轻松访问中心】组合框中的【更改键盘的工作方式】选项。

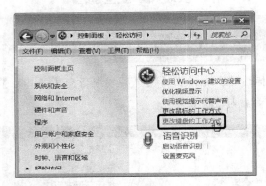

3 在随即弹出的【使键盘更易于使用】对话框中选中【启用粘滞键】复选框，单击 应用(P) 按钮，即可启用粘滞键。

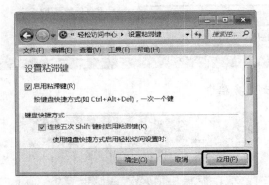

4 启用粘滞键后，当快捷方式要求使用诸如【Ctrl】+【P】键等的组合键时，"粘滞键"允许用户按下修改键（【Ctrl】键、【Alt】键或【Shift】键）或【Windows】徽标键之后，它能保持这些键的活动状态直到按下其他键。

第2章

五笔字型的
基础知识

要学习五笔打字，首先要学习有关五笔打字的基础知识，包括汉字的基本结构、五笔字根的分类、五笔字根的拆分等。本章主要介绍学习五笔打字的基础知识。

光盘链接

关于本章的知识，本书配套教学光盘中有相关的多媒体教学视频，请读者参见光盘中的【五笔字型输入法入门】。

2.1 汉字的结构

汉字从结构上可分为3个层次。单字是最高层次，字根是中间层次，笔画是最低层次。要学习五笔打字，首先要学习汉字的结构。

2.1.1 汉字的3个层次

从汉字的结构来划分可分为笔画、字根和单字3个层次。

在日常生活中人们常说"日月一明""三日一晶"等，可见，一个汉字可以由几部分拼合而成，如"晶"是由3个"日"字拼合而成的。这些用来拼合汉字的基本部分被称为"字根"。这些"字根"是构成汉字的最基本的单位。任何一个字根都是由笔画构成的，任何一个字根都可以由若干个笔画交叉连接而成。因此，笔画、字根、单字是汉字结构的3个层次，由笔画组合产生字根，由字根组合产生汉字，这种结构可以表示成：基本笔画→字根→汉字。

2.1.2 汉字的5种笔画

笔画是书写汉字时一次写成的一个连续不断的线段，它是构成汉字的最小单位。

一般来说汉字的笔画有：点、横、竖、撇、捺、提、钩和折8种。五笔字型编码将汉字的笔画分为横、竖、撇、捺、折（一、｜、丿、丶、乙）5种笔画。

可能有的读者会问，前面不是说有8种笔画吗，为什么在五笔字型方案中只有5种呢？点、提、钩折3种笔画没有了吗？其实它们并没有丢掉。从它们的书写方式可以发现"点"与"捺"的运笔方向基本一致，因此"点"被归为"捺"类；同理，"提"被归为"横"类；除左钩用竖来代替外，其他带转折的笔画都被归为"折"类。为了便于记忆和应用，根据它们使用频率的高低，依次用1、2、3、4、5作为编号。

笔画名称	代号	笔画走向	笔画及其变形
横	1	左→右	一、╱
竖	2	上→下	｜、亅
撇	3	右上→左下	丿
捺	4	左上→右下	╲、丶
折	5	带转折	乙、乛、乚、𠃌、巜

2.1.3　汉字的3种字型

在五笔字型中根据构成汉字时各个字根之间的位置关系，可以把汉字分为3种类型。

在汉字中，字根的摆放位置不同组成的汉字也不相同，如"九"和"日"可以构成"旭"和"昝"。在五笔字型中把汉字分为3种类型：左右型、上下型以及混合型，分别赋予它们1、2、3的代码。

● 左右型

字根之间可以有间隔，但是整体呈左右或者左中右排列，例如：江、抢和储等。

● 上下型

字根之间也可以有间隔，但整体呈上下排列，例如：芹、草、分等。

● 杂合型

汉字主要由单字、内外、包围等结构组成，例如：匣、未、回、同等。

汉字的3种字型

字型	代号	图示	特征	字例
左右型	1		字根之间有间距，但总体左右排列	明、树、抢、部
上下型	2		字根之间虽有间距，但总体上下排列	苗、意、范、想
杂合型	3		字根之间可以有间距，但不分上下左右，或者浑然一体	回、凶、过、勺、臣、本、太、东

2.2　五笔字型的字根

五笔字型常用的有86版和98版两种，由于86版输入法具有代表性，使用者也是最多的，因此本节将以86版五笔字型为例进行介绍。

2.2.1　什么是字根

字根是构成汉字的基本单位，汉字中由若干个笔画交叉连接而成的相对不变的结构叫作字根。

字根的个数很多，但并不是所有的字根都可以作为五笔字型的基本字根，而只是把那些组字能力特强，而且被大量重复使用的字根挑选出来作为基本字根。在五笔字型中这样的基本字根共有130个，绝大多数汉字都可以由这些基本字根组成。为了叙述方便，以下简称五笔字型的基本字根为"字根"。

字根是挑选出来的，在五笔字型方案中，字根的选取标准主要基于以下两点。

1. 组字能力强、使用频率高的偏旁部首

如目、日、是、口、田、王、土、大、木、工、山、人等。某些偏旁部首本身即是一个汉字。

2. 组字能力不强，但组成的字在日常汉语文字中出现的次数很多

如"白"组成的"的"字可以说是全部汉字中使用频率最高的。

2.2.2 字根的键位分布及区位号

五笔基本字根有130个，再加上一些基本字根的变型，共有200个左右。要想掌握五笔字型的字根分布，就必须先弄清楚字根的区、位以及区位号。

什么是区、位呢？这就需要和前面所讲的汉字的5种笔画结合起来。字根的5区是指将键盘中除Z外的25个字母键按照5种基本笔画分为横、竖、撇、捺、折等5个区，依次用代码1、2、3、4、5表示区号，其中以横起笔的在1区，从字母G到A；以竖起笔的在2区，从字母H到L，再加上M；以撇起笔的在3区，从字母T到Q；以捺起笔的在4区，从字母Y到P；以折起笔的在5区，从字母N到X。

区位号就是每个字母键对应位置的号码，以区号在前，位号在后构成了两位数的区位号。例如第一区的【F】键对应的位号是2，所以【F】键的区位号就是12。区位号的顺序有一定的规律，都是从键盘的中间开始向外扩展进行编号的。

2.2.3 字根在键盘上的分布规律

与区位号一样，字根在键盘上的分布也是有规律的，记住字根的键盘分布规律是练习五笔输入法的基础，是熟练打字的必经阶段。86版五笔字型字根的键盘分布如下图所示。

2.3 快速记忆五笔字根

五笔打字需要记忆字根，这也是初学者的一个难点。为了方便快捷地记忆字根，王永民教授为每一区的字根编写了一首助记词，帮助字根的记忆。

2.3.1 86版五笔字根助记词

五笔字根助记词是帮助用户来记忆五笔字根的，有一定的规律可循，只要用户用心记忆，记住字根也是十分容易的事情。

86版五笔字根助记词如下表所示。

一 区	二 区	三 区	四 区	五 区
王旁青头戋（兼）五一	目具上止卜虎皮	禾竹一撇双人立 反文条头共三一	言文方广在四一 高头一捺谁人去	已半巳满不出己 左框折尸心和羽
土士二干十寸雨	日早两竖与虫依	白手看头三二斤	立辛两点六门疒	子耳了也框向上
大犬三羊古石厂	口与川，字根稀	月彡（衫）乃用家衣底	水旁兴头小倒立	女刀九臼山朝西
木丁西	田甲方框四车力	人和八，三四里	火业头，四点米	又巴马，丢矢矣
工戈草头右框七	山由贝，下框几	金勾缺点无尾鱼 犬旁留叉儿一点夕 氏无七（妻）	之宝盖， 摘礻（示）衤（衣）	慈母无心弓和匕， 幼无力

2.3.2 86版五笔字根助记词详解

⊙ 一区键位详解

键位	字根口诀	理解与分析
王 主丰 五戋 11G	王旁青头戋（兼）五一	"王旁"指偏旁部首"王"，即王字旁；"青头"指"青"字上半部分"龶"；"兼"指"戋"（同音）；"五一"指字根"五"和"一"
土 士二 十寸雨 12F	土士二干十寸雨	分别指"土、士、二、干、十、寸、雨"这7个字根，以及"革"字的下半部分"龶"
大 犬三羊古石厂 13D	大犬三羊古石厂	"大、犬、三、石、古、厂"为D键位上的6个字根；"古"可以看成"石"的变形；"羊"是指"⺶"；"广、ナ、ア"可由"厂"联想；"着"可由"羊"联想到，"镸"即字根"镸"
木 西 14S	木丁西	"木"的末笔是捺，捺的代号是4；"丁"在"甲乙丙丁……"中排在第4位；"西"字的下部是个"四"；它们都与4有关，以横起笔，所以分布在14位的S键上
工 卄廿廾 七弋戈二 15A	工戈草头右框七	"工戈"指字根"工"和"戈"及"戈"的变形"弋"；"草头"为偏旁部首"卄"及与它类似的"卅、廿、廾"，即"共头革头升字底"；"右框"指开口向右的方框"匚"；"七"可看成"戈"的变形字根

二区键位详解

键位	字根口诀	理解与分析
	目具上止卜虎皮 还有H走字底	“目”指字根“目”，“具”指“具”的上半部分“且”，“上止卜”指“上、止、卜”及变形“丨、⺊”，“虎皮”指“虎”的上部“虍”和“皮”的上部“广”，“还有H走字底”指“走”字的底部“⺪”
	日早两竖与虫依 归左刘右乔字底	“日”指字根“日、曰”以及它们的变形“⺜”；“早”即字根“早”，是一个独立字根，不要再拆成“日、十”；“两竖”的变形字根“刂、刂、丿丨”可通过“归左刘右乔字底”来记忆；“与虫依”指字根“虫”
	口与川，字根稀	“字根稀”指该键上字根少，只有字根“口”和“川”，及“川”的变形“巛”
	田甲方框四车力 血下罢上曾中间 舞字四竖也需记	“田甲”指字根“田”和“甲”；“方框”为字根“囗”，与K键上的“口”不同；“四”指字根“四”；“车力”指字根“车”和“力”；“血下罢上曾中间”指“皿、罒、㓁”；“舞字四竖也需记”指字根“卌”
	山由宝贝骨头下框几	“山由”指字根“山、由”，“宝贝”指字根“贝”，“骨头”即指“骨”的上部分“⺆”，“下框几”为字根“冂”以及“几”

三区键位详解

键位	字根口诀	理解与分析
	禾竹一撇双人立 反文条头共三一 矢字取头去大底	“禾竹”为字根“禾、竹、⺮”，一撇即“丿”，“双人立”指“彳”，“反文”即“攵”，“条头”指“条”的上半部分“夂”，“共三一”指这些字根在代码为31的T键上，“矢字取头去大底”指字根“𠂉”
	白手看头三二斤 矢字去人取爪皮	“白手”指“白”和“手、扌”字根，“看头”指“看”字的上半部分“⺵”，“三二”是指这些字根位于代码为32的R键上，“斤”是“斤”和“⺁”字根，“矢字去人取爪皮”指字根“𠂉”和“⺁”
	月彡乃用家衣底 采字取头去木底	“月”为字根“月”，还有“⺝”字根；“衫”指字根“彡”；“乃用”指字根“乃、用”；“家衣底”指“家、衣”的下半部分“豕、𧘇”及变形“豕、⺙、𧘇”等；“采字取头去木底”指字根“爫”
	人八登祭头都在W	“人八”指字根“人、亻”和“八”；由于“登、祭”字的上半部分“癶、⺼”与“八”的形态差不多，所以也在W键上
	金勺缺点无尾鱼 犬旁留叉儿一点夕 氏无七（妻）	“金”即字根“金、钅”；“勺缺点”指“勺”字去掉一点为“勹”；“无尾鱼”即字根“⺈”；“犬旁”指“犭”，要注意并不是偏旁“犭”；“留叉”指字根“乂”；“儿”指字根“儿、⺇”；“一点夕”指字根“夕”和变形“⺈、⺼”；“氏无七”指“氏”字去掉中间的“七”而剩下的字根“𠂆”

四区键位详解

键位	字根口诀	理解与分析
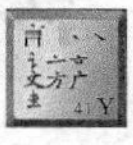	言文方广在四一 高头一捺谁人去	“言文方广”指“言、文、方、广”4个字根；“高头”即“高”字头“亠、⾼”；“一捺”指基本笔画“㇏”以及“丶”字根；“谁人去”指去掉“谁”字左侧的“讠”和“亻”，剩下的字根“主”，它们都“在四一”（41）

（续）

键位	字根口诀	理解与分析
	立辛两点六门疒	“立辛”指“立”和“辛”字根，“两点”指“冫”以及它的变形字根“丬、䒑、丷”，“六”指字根“六”和“亠”，门即字根“门”，“疒”指“病”的偏旁“疒”
	水旁兴头小倒立	“水旁”指“氵”和“氺、氺、⺌”字根，“兴头”指“兴”字的上半部分“⺌、⺍”字根，“小倒立”指字根“小、⺌”以及它们的变形字根“光”字的上半部分“⺌”
	火业头，四点米	“火”指字根“火”，“业头”指“业”字的上半部分“业”字根，以及其变形字根“⺌”，“四点”指“灬”字根，“米”是指一个单独的字根“米”
	之宝盖建道底，摘礻（示）衤（衣）	“之”指“之”字根，“宝盖”指偏旁“冖”和“宀”字根，“建道底”指偏旁“廴”和“辶”字根，“摘礻衤”指将“礻”和“衤”的末笔画摘掉后的字根“礻”

五区键位详解

键位	字根口诀	理解与分析
	已半巳满不出己左框折尸心和羽	“已半巳满不出己”指字根“已、巳、己”，“左框”指开口向左的方框“コ”，“折”指字根“乙”，“尸”指字根“尸”和它的变形字根“眉”字的上部“⺈”，“心和羽”指字根“心”和“羽”以及“心”的变形字根“忄”和“⺗”
	子耳了也框向上	“子耳了也”指字根“子、孑、耳、了、也”以及“耳”的变形字根“阝、卩、㔾”，“框向上”指开口向上的方框“凵”，另外在B键上还有一个字根“巜”
	女刀九臼山朝西	“女刀九臼”指“女、刀、九、臼”4个字根；“山朝西”指形似开口向西的山字即“彐”，另外在V键上还有一个字根“巛”
	又巴马，丢矢矣	“又巴马”指字根“又、巴、马”和“又”的变形字根“ス、マ”，以及“马”去掉一横的字根“马”；“丢矢矣”指“矣”字去掉下半部分的“矢”字剩下的字根“厶”
	慈母无心弓和匕幼无力	“慈母无心”指去掉“母”字中间部分笔画剩下的字根“母”，以及变形字根“⺊”；“弓和匕”指字根“弓”和“匕”，以及变形字根“⺊”；“幼无力”指去掉“幼”字右侧的“力”剩下的字根“幺”及“纟、乡”

2.4 五笔字根的结构关系

那么多的汉字看起来很复杂，其实它们都是按照一定的结构关系组成的。在五笔字型中，根据组成汉字的字根间的位置关系汉字可分为单、散、连、交4种类型。

1. 单字根结构汉字

单字根结构汉字是指汉字只由一个字根组成，即字根本身就是一个汉字。它们既是组成汉字的字根，也是汉字。其中包括5种基本笔画，“一、丨、丿、丶、乙”，25个键名字根和字根中的汉字，比如“言、虫、寸、米、夕”等。也可以说，“单”就是字根中单个汉字和基本笔画，这些字根和其他的字根没有关系，所以称为"单"。

虫　米　寸　又　日
文　夕　言　马　上

2. 散字根结构汉字

散字根结构汉字是指构成汉字的字根不止一个，且汉字之间有一定的距离。比如"李"字，是由"木"和"子"两个字根组成的，字根间还有一些距离，像"明、汗、的、草、梦"等都是这种结构。

李　众　的　分　节
明　汗　如　字　草

3. 连字根结构汉字

连字根结构是指一个字根和一个单笔画或点相连接但不重叠，比如"下"由基本字根"卜"和笔画"一"相连组成，"主"由基本字根"王"和"、"相连组成，"勺、正、大、天"等都是连字结构。需要注意的是：一些字根虽然连着，但在五笔中却认为不相连，例如"足、充、首、左、页"等。单笔画与字根间有明显距离的也不认为相连，比如"个、少、么、旦"等。

天　太　自　正　头
下　义　勺　尺　且

4. 交字根结构汉字

交字根结构是指组成汉字的两个或多个字根之间有交叉重叠的部分。比如，"本"就是由字根"木"和"一"相交构成的，再比如"中"是由字根"口"和"丨"组成的，像"申、果、必、东"等都是这种结构，具有此种结构的汉字一般都属于杂合型。

本　果　必　里　夷
中　申　东　乐　书

2.5　五笔字型的拆分原则

五笔字型的拆分原则可以概括为"书写顺序、取大优先、兼顾直观、能散不连、能连不交"。

2.5.1　书写顺序

在拆分汉字时首先要按照汉字的书写顺序来拆分，然后对里面的一些复杂字根按照它们的自然界限拆分，对界限不是很明显的就要按照后面的拆分原则拆分。

书写汉字的顺序是"从左到右、从上到下、先横后竖、先撇后捺、从里到外、先中间后两边、先进门后关门"等。拆分出的字根应为键面上存在的字根。例如"哲"字正

确的拆分顺序应该是"扌""斤""口"，
而不是"扌""口""斤"。

哲 →哲＋哲＋哲 ✓

哲 →哲＋哲＋哲 ✗

2.5.2　取大优先

　　"取大优先"也称为"优先取大"，是指按照书写顺序拆分汉字时，应保证拆分出最大可能的字根，也就是说拆分出的字根应该最少。"取大优先"是在汉字拆分时最常用到的一个基本原则。

　　例如"则"字可以拆分成"冂""人""刂"，也可拆分成"贝"和"刂"。由"取大优先"的原则可知，拆分成"贝"和"刂"是正确的，因为"冂"和"人"两个字根可以合成一个字根"贝"。

则 →则＋则 ✓

则 →则＋则＋则 ✗

2.5.3　兼顾直观

　　"兼顾直观"是指在拆分汉字时，为了照顾汉字字根的完整性以及字的直观性，有时不得不暂且牺牲一下"书写顺序"和"取大优先"的原则，而成为个别例外的情况。

　　例如，"因"字按照"书写顺序"应拆成"冂""大""一"，但这样便破坏了汉字构造的直观性，使得字根"口"不再直观易辨，因此，应把"因"字拆成"口"和"大"。

因 →因＋因 ✓

因 →因＋因＋因 ✗

2.5.4　能散不连

　　"能散不连"指如果一个字可以按几个字根"散"的结构来拆分，就不要按"连"的结构来拆分。

　　例如"午"字能拆成"丿"和"十"散的结构，就不要拆成"丿"和"干"连的结构。

午 →午＋午 ✓

午 →午＋午 ✗

2.5.5　能连不交

"能连不交"指如果一个字可以按几个字根"连"的结构来拆分，就不要按"交"的结构来拆分。

例如"矢"字既可以拆分成"𠂉"和"大"两个字根，又可以拆分成"二"和"人"两个字根。但拆分成"𠂉"和"大"时字根是相连的关系，拆分成"二"和"人"时字根是相交的关系，根据"能连不交"的原则，拆成"𠂉"和"大"是正确的。

矢　→ 矢 + 矢 ✓
　　→ 矢 + 矢 ✗

2.5.6　"末"与"未"的拆分

"末"与"未"按照上面的拆分原则来拆分是相同的，为了区别这两个字拆分的不同，在五笔字型输入法中对此做了特殊的规定。

"末"与"未"两个字按照上面的拆分原则都可以拆分成"二"和"小"，或者拆分成"一"和"木"。但是五笔字型规定"末"字拆分成"一"和"木"，而将"未"字拆分成"二"和"小"，以区别这两个字。

末 → 末 + 末
未 → 未 + 未

2.6　汉字拆分实例

汉字拆分是学习五笔打字必须要掌握的一门技术，下面就按照汉字拆分的原则给出一些汉字拆分的实例。

| 想 | 想 + 想 + 想 | 敌 | 敌 + 敌 + 敌 |
| 两 | 两 + 两 + 两 + 两 | 牙 | 牙 + 牙 + 牙 |

（续）

鬼	鬼 + 鬼 + 鬼	风	风 + 风
天	天 + 天	闾	闾 + 闾 + 闾
憨	憨 + 憨 + 憨 + 憨	尚	尚 + 尚 + 尚
窃	窃 + 窃 + 窃 + 窃	离	离 + 离 + 离 + 离
生	生 + 生	单	单 + 单 + 单
弑	弑 + 弑 + 弑 + 弑	垂	垂 + 垂 + 垂 + 垂
赤	赤 + 赤	翅	翅 + 翅 + 翅

2.7 末笔交叉识别码

在五笔拆分汉字时，常常会遇到不足4码的汉字，为了弥补这一不足，五笔字型的创建者发明了末笔交叉识别码。

2.7.1 初识末笔交叉识别码

末笔交叉识别码一般是针对那些编码不足4码的汉字而设计的，最后补充一码为末笔交叉识别码。

例如"旮"字按照拆分原则，它可以拆分成"九、日"，编码是VJ，但是"旭"字也可以拆分成"九、日"，编码也是VJ。这时就需要用末笔交叉识别码来区别。

末笔交叉识别码由该汉字的末笔笔画和字型结构信息共同构成，即末笔交叉识别码＝末笔识别码＋字型识别码。汉字的笔画有5种，字型结构有3种，所以末笔字型交叉识别码有15种，每个区前3个区位号作为识别码使用。

末笔代码 字型代码	横(1)	竖(2)	撇(3)	捺(4)	折(5)
左右型 1	G(11)	H(21)	T(31)	Y(41)	N(51)
上下型 2	F(12)	J(22)	R(32)	U(42)	B(52)
杂合型 3	D(13)	K(23)	E(33)	I(43)	V(53)

末笔交叉识别码的确定分两个步骤，第一步确定末笔笔画识别码，第二部确定字型结构代码，这样就得到了末笔交叉识别码。

现在可以分别准确地输入"旮"和"旭"了。

"旮"的最末笔是"一"，代码是1，是上下结构，代码是2，因此末笔字型交叉识别码是F（12），因此"旮"的编码就是VJF。

"旭"的最末笔是"一"，代码是1，杂合结构，代码是3，所以末笔字型交叉识别吗是D，因此"旭"的编码是VJD。

旮→旮+旮+一　　VJF

旭→旭+旭+一　　VJD

2.7.2　末笔的特殊约定

在使用末笔交叉识别码输入汉字时，需要注意以下一些对汉字末笔的约定。

1. 末字根为"力""刀""九""七"时

当汉字的末笔字根为"力""刀""九""七"时一律规定末笔画为折。例如"仇"和"叼"等字的末笔识别码为N。

2. "廴""辶"作底的字

以"廴""辶"作底的字不以该部分为末笔，而以去掉该部分的末笔作为整个字的末笔结构识别码。例如"迄"的末笔为"乙"，识别码为V；"延"的末笔为"一"，识别码为D。

3. 包围结构

所有包围结构型汉字的末笔规定取被包围结构部分的末笔。例如"因"字取"大"字的末笔"、"。

4. "我""戈""成"等字

"我""戈""成"等字的末笔取"丿"。这些约定不符合我们平时的书写习惯，因此要强行记住。遇到这些字的时候一定注意不要被书写习惯束缚住了。

2.7.3　使用"金山打字通"练习字根的输入

在本章指法练习的基础上再利用"金山打字通"来练习字根的输入，可以帮助用户记住每个字根所在的键位。

使用"金山打字通"进行字根练习的步骤和指法训练的步骤相似，只要在界面中单击按钮，在打开的窗口中切换到【字根练习】选项卡即可进行字根练习。需要注意的是，在练习前要将输入法切换到英文状态下。

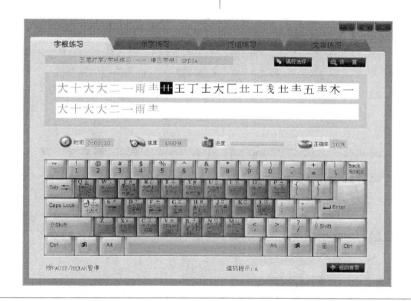

高手过招

教你输入他国文字和特殊符号

1 单击状态栏中的【软键盘】按钮 ⌨，在弹出的快捷菜单中选择【2希腊字母】选项。

2 随即弹出软键盘。

3 用鼠标单击要输入的软键盘上的字母即可将字母输入到文档中。

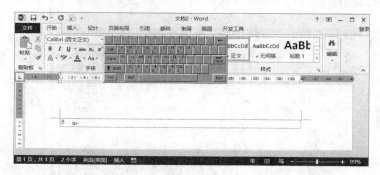

4 在快捷菜单中选择【6日文平假名】菜单项，在弹出的软键盘中单击需要的平假名即可将日文平假名输入到文档中。

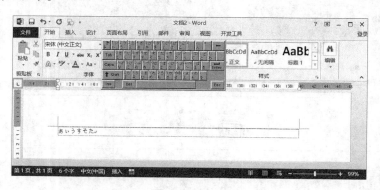

5 在软键盘快捷菜单中选择【C特殊符号】菜单项，在弹出的软键盘中单击需要的特殊符号即可将特殊符号输入到文档中。

第3章

五笔字型的
输入方法

要真正学会五笔字型输入法，除了掌握前面所讲的五笔
字型的基础知识外，还要学习五笔字型输入法的汉字的
输入方法，下面就介绍五笔字型的单字、简码、词组等
的输入方法及输入顺序。

关于本章的知识，本书配套教学光盘中有相
关的多媒体教学视频，请读者参见光盘中的
【五笔字型汉字输入】。

3.1 五笔字型的单字输入

下面介绍键名汉字、成字字根、单笔画、普通汉字、偏旁部首等的输入方法。

3.1.1 输入5种单笔画

"五笔"顾名思义是由5种笔画组成的,即横(一)、竖(丨)、撇(丿)、捺(丶)、折(乙)5种基本笔画,也称单笔画。

在输入5种单笔画汉字时,第一、二笔画是相同的,在五笔字型中特别规定了其输入的方法为:先按两次该单笔画所在的键位,再按两次【L】键。

单笔画	一	丨	丿	丶	乙
编码	GGLL	HHLL	TTLL	YYLL	NNLL

3.1.2 输入键名汉字

键名汉字是指在键盘左上角、使用频率比较高的汉字(【X】键上的纟除外)。
每个键名汉字对应的键位如下图所示。

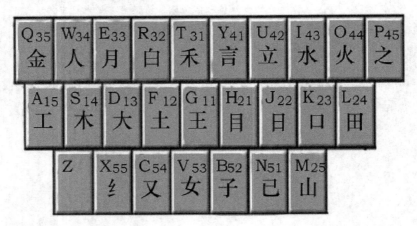

五笔字型中规定键名汉字共有25个,即"王、土、大、木、工、目、日、口、田、山、禾、白、月、人、金、言、立、水、火、之、已、子、女、又、纟"。这些键名汉字的输入很简单,将键名对应的键连续敲4次即可,例如"金"字,只需要单击【Q】键4次即可。

3.1.3 输入成字字根汉字

在五笔字型字根键盘的每个字母键上，除了一个键名汉字外，还有一些其他类型的字根，这些字根本身就是一个汉字，这样的字根称为成字字根，下面就介绍一下成字字根的输入方法。

成字字根的输入方法是：先按一下该成字字根所在的键（称为"报户口"），再按该成字字根的首笔、次笔以及末笔画，若不足4码则补空格键，即编码为：报户口+首笔画+次笔画+末笔画。例如"早"字的键名为J，首笔是"竖"——H，次笔是"折"——N，末笔是"竖"—— H，所以其编码为JHNH。当成字字根仅为两笔时，编码则只有3码。

早→早+早+早+早

需要注意的是：首、次、末笔画指的是单笔画，而不是字根。例如把"贝"字拆分成"贝""冂""人"是错误的，正确的拆分应该是："贝""丨""乙""丶"，编码为MHNY。

3.1.4 输入键外汉字

除了键名汉字和成字字根外，其余汉字都是由几个字根组成的，这种由几个字根组成的汉字称为合体字，根据合体字的字根数量，输入的方法有以下两种。

1. 4个及4个字根以上的汉字

这种汉字的输入方法是：根据书写顺序将汉字拆分成字根，取汉字的第一、第二、第三和末笔字根，并敲击这4个字根所对应的键位即可。例如"踅"字，它可以拆分成"口、止、土、土"，刚好有4个字根，因此其编码为KHFF。

2. 不足4个字根的汉字

拆分不足4个字根的汉字时，需要用到末笔交叉识别码。不足4个字根的汉字的输入方法是：该汉字拆分字根的编码，加上末笔交叉识别码，即不足4码的汉字的编码为：字根编码+末笔交叉识别码。例如"江"字可以拆成"氵、工"，编码为I、A，末笔交叉识别码为G，因此"江"字的编码为IAG。

3.1.5 输入偏旁部首

在字根的键盘图中可以看出有部分字根就是汉语字典中的偏旁，它们的输入方法与成字字根的输入方法一样，也是键名码+首笔画+次笔画+末笔画。

例如输入"亻"，它在【W】键上，第一笔为丿，第二笔为丨，所以输入"WTH"，再加上一个空格，"亻"就出来了。在五笔中没有把"礻"当

作独立字根，而是把它拆成两个字根"礻、丶"，编码为PY。例如"社"字应拆为"礻、丶、土"，编码是PYFG，"神、视、礼、祝、祸"等字都是

如此拆分。还有许多偏旁本身就是一个汉字，其拆分的方法和它们单独用做汉字时的拆法相同。例如"骨"的编码是ME，"酉"的编码是SG。

3.2 五笔字型的简码输入

五笔字型设计了简码输入，它将常用汉字只取其前面的一个、两个或三个字根。简码汉字分三级：一级简码、二级简码和三级简码。

3.2.1 输入一级简码

在五笔字型中，挑出了在汉语中使用频率最高的25个汉字，根据每个字母键上的字根形态特征，把它们分布在键盘的25个字根字母键上，这就是一级简码。

输入一级简码很简单，按一下简码所在的键，再按一下空格键即可。下图是一级简码的键盘分布，把这25个一级简码背下来可以大大地提高录入的速度。从11到55区，一级简码分别是"一地在要工、上是中国同、和的有人我、主产不为这、民了发以经"。

3.2.2 输入二级简码

二级简码的输入方法是取这个字的第一、第二笔字根的代码，然后再按下空格键即可。

例如"或"字，如果按照非简码方式输入，它的编码为AKGD，现在按简码方式输入只要按下AK，再按一下空格键即可。例如"枯"字的全码是SDG，其中G为识别码。其实只要键入SD就可以输入这个字了，不用再判断它的识别码。二级简码大约有625个，但是在输入单字时，二级简码出现的频率都为60%，使用频率还是很高的。要输入某个字，可以先按其所在行的字母键，再按其所在列的字母键即可。如果该列交叉点为空，则表示该键位上没有对应的二级简码。

	11———15	21———25	31———35	41———45	51———55
	GFDSA	HJKLM	TREWQ	YUIOP	NBVCX
11G	五于天末开	下理事画现	玫珠表珍列	玉平不来琮	与屯妻到互
12F	二寺城霜载	直进吉协南	才垢坊夫无	坟增示赤过	志地雪支姆
13D	三夯大厅左	丰百右历面	帮原胡春克	太磁砂灰达	成顾肆友龙
14S	本村枯林械	相查可楞机	格析极检构	术样档杰棕	杨李要权楷
15A	七革基苛式	牙划或功贡	攻匠菜共区	芳燕东蒌芝	世节切芭药
21H	睛睦睚盯虎	止旧占卤贞	睡脾肯具餐	眩瞳步眯瞎	卢 眼皮此
22J	量时晨果虹	早昌蝇曙遇	昨蝗明蛤晚	景暗晃显晕	电最归紧昆
23K	呈叶顺呆呀	中虽吕另员	呼听吸只史	嘛啼吵噗喧	叫啊哪吧哟
24L	车轩因困轼	四辊加男轴	力斩胃办罗	罚较 辘边	思团轨轻累
25M	同财央朵曲	由则迥崭册	几贩骨内风	凡赠峭嵝迪	岂邮 凤嶷
31T	生行知条长	处得各务向	笔物秀答称	入科秒秋管	秘季委么第
32R	后持拓打找	年提扣押抽	手折扔失换	扩拉朱搂近	所报扫反批
33E	且肝须采肛	胆肿肋肌	用遥朋脸胸	及胶膛脒爱	甩服妥肥脂
34W	全会估休代	个介保佃仙	作伯仍从你	信们偿伙	亿他分公化
35Q	钱针然钉氏	外旬名甸负	儿铁角欠多	久匀乐炙锭	包凶争色锴
41Y	主计庆订度	让刘训为高	放诉衣认义	方说就变这	记离良充率
42U	闰半关亲并	站间部曾商	产瓣前闪交	六立冰普帝	决闻妆冯北
43I	汪法尖洒江	小浊澡渐没	少泊肖兴光	注洋水淡学	沁池当汉涨
44O	业灶类灯煤	粘烛炽烟灿	烽煌粗粉炮	米料炒炎迷	断籽娄烃糯
45P	定守害宁宽	寂审宫军宙	客宾家空宛	社实宵灾之	官字安 它
51N	怀导居怵民	收慢避惭届	必怕 愉懈	心习悄屡忱	忆敢恨怪尼
52B	卫际承阿陈	耻阳职阵出	降孤阴队隐	防联孙耿辽	也子限取陬
53V	姨寻姑杂毁	叟旭如舅妯	九 奶 婚	妨嫌录灵巡	刀好妇妈姆
54C	骊对参骠戏	骒台劝观	矣牟能难允	驻 骈 驼	马邓艰双
55X	线结顷绌红	引旨强细纲	张绵级给约	纺弱纱继综	纪弛绿经比

3.2.3 输入三级简码

三级简码由一个汉字的前3个字根组成，只要一个汉字的前3个字根的编码在整个编码体系中是唯一的，一般都可作为三级简码来输入。

在汉字中，三级简码的汉字有4000多个。与输入一级简码、二级简码时一样，三级简码的输入也是敲完3个字根代码后再敲一下空格键。虽然加上空格后也要敲4下，但因为不需要用到识别码，而且空格键比其他键更容易击中，所以这样在无形之中就提高了输入的速度。

3.2.4 五笔字型词组的输入

五笔字型输入法中增强了词汇的输入功能，并给出了开放式的结构，以利于用户根据自己的专业要求自行组织词库，可以说，五笔字型最有效的还是词汇输入。

1. 双字词

双字词在汉语词汇中占有相当大的比重。双字词的编码规则是分别取每个字的前两个字根构成词汇简码。例如"机器"，取"木、几、口、口"，输入编码SMKK即可；"计算"，取"言、十、竹、目"，输入编码YFTH即可。

2. 三字词

三字词的编码是取前两个汉字的第1个字根和第3个汉字的前两个字根。例如"计算机"，取"言、竹、木、几"，输入编码YTSM即可；"工艺品"，取"工、艹、口、口"，输入编码AAKK即可。

3. 四字词

四字词的编码是分别取每个汉字的第1个字根作为编码，共4码。例如"操作系统"，取"扌、亻、丿、纟"，输入编码RWTX即可；"巧夺天工"，取"工、大、一、工"，输入编码ADGA即可。

4. 多字词

多字词是指构成词的单个汉字数量超过4个，多字词的编码按"一、二、三、末"的规则，即分别取第1、第2、第3及最末一个汉字的第1个字根构成编码。例如"全国人民代表大会"，取"人、口、人、人"，输入编码WLWW即可。

3.3 五笔字型的输入顺序

在五笔中，一个汉字可能有多种编码方案，此时要注意五笔字型的输入顺序。

选择正确的输入顺序，可以有效地提高打字的速度。例如"经"字有4种不同的编码方案。在输入时最好采用它的一级简码即X加空格，一共按两下键即可。在录入不成词的单字时要尽量采用简码，但是在词中就要按词的规则来录入。例如输入"经济"一词，如果采用单字录入，最简单的方法是"X、空格、IYJ、空格"，总共按6次键。如果按词录入，编码是XCIY，只需按4次键。录入多字词或者成语时，这样做效率会更高。

在编写文章时，根据经验可以按照下面的优先级顺序取码：有词先按词输入，组不成词的看是不是一级简码，如果是则按一级简码输入；如果是键名汉字或者是成字字根，就按其各自的输入方法录入；如果是二级简码就按二级简码输入；能不打末笔交叉识别码就不要打。

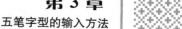

3.4 常用的五笔字型输入法

常用的五笔字型输入法有多种，如万能五笔输入法、五笔加加输入法、搜狗五笔输入法和智能陈桥五笔输入法等。

3.4.1 极点五笔输入法

极点五笔输入法是一款免费的多功能五笔、拼音输入软件平台，同时完美支持一笔、二笔等各种以a~z为编码的"型码"和"音型码"。

1. 极点五笔的状态栏

极点五笔的状态栏和相应的按钮说明如图所示。

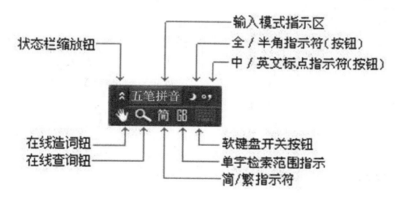

○ **状态栏缩放钮**

单击【缩放钮】按钮▲，极点五笔状态栏下半部分会缩放起来不显示，如图所示。

此时再单击状态栏缩放钮▲，状态栏即会全部显示出来。

○ **输入模式指示区**

极点五笔输入法为用户提供有【五笔拼音】、【拼音输入】和【五笔字型】3种输入模式。对于初学五笔的用户来说，可使用【五笔拼音】和【拼音输入】两种输入模式，在输入的时候，提示栏会显示输入汉字的编码。如在【拼音输入】输入模式下输入"中"字，在提示栏中会显示"中[khk]"。

```
zhong|                          ♪°¸
1.中[khk] 2.重[tgjf] 3.種(种)[ttgf]  ▶
```

○ **全/半角指示符（按钮）**

▶表示输入的字符为半角状态字符，●表示输入的字符为全角状态字符。

○ **中/英文标点指示符（按钮）**

●¸表示输入的是中文标点符号，●表示输入的是英文标点符号。

◎ 在线造词钮

用户可以根据自己的需要，对一些经常输入的词组或者长句进行在线造词，就是对短语或词组进行人为编码。具体的操作步骤如下。

1 单击【在线造词钮】 ✋ ，随即弹出【极点造词】对话框，在【词组】文本框中输入"神龙软件"，在【编码】文本框中即可出现系统推荐的编码，单击 确认 按钮即可造词成功。

2 此时在极点五笔输入法下输入"pdl"，即会显示"神龙软件"选项。

3 若不想使用系统推荐的编码，即可在【极点造词】对话框中【编码】文本框中输入自己想要的编码，然后单击 确认 按钮。

4 此时在极点五笔输入法下输入"asd"即会显示"神龙软件"的选项。

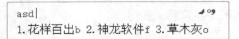

◎ 在线查询钮

不知道编码的时候，可以使用【在线查询钮】🔍来查询编码。

1 单击【在线查询钮】🔍，弹出【极点查询】对话框，此时显示的查询内容为用户刚输入的字符。

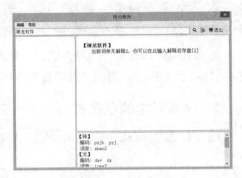

2 用户可以在左上方的文本框中输入要查询的内容，如输入"章"，单击【查询输入框中词语解释】按钮🔍，此时在左边的下拉框中会显示与"章"有关的词组，右半部分会显示【章】的解释和编码，然后选择需要查询的字词即可。

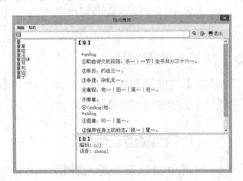

◎ 简/繁指示符

简表示输出的字符是简体字，繁表示输出的字符是繁体字。

◎ 单字检索范围指示

【GB】编码只有常用字，【GBK】编码包括所有的汉字。如果用户在输入的时候遇到了生僻字，则可切换成【GBK】编码。如

输入"邦（ffbh）"字，在【GB】编码下输入"ffbh"，选项框中没有"邦"字选项。

切换成【GBK】编码，此时重新输入编码"ffbh"，就会显示"邦"字选项。

```
ffbh|
1.邦 2.邡
```

软键盘开关按钮

在状态栏的软键盘图上，单击鼠标右键，此时会弹出一个菜单栏，从中选择相应的菜单项，就会弹出与之对应的软键盘。

PC键盘	标点符号
希腊字母	数字序号
俄文字母	数学符号
注音符号	单位符号
✔ 汉语拼音	制表符
日文平假名	特殊符号
日文片假名	用户符号

2. 使用极点五笔输入法

拼音输入

如果用户对五笔还不是很熟，则可将极点设为【五笔拼音】输入模式，这样遇到不会拆分的字、词时，就可以直接用拼音来输

入，并且可以反查其五笔编码。

可以使用鼠标单击极点状态栏中的【输入模式指示区】，直到文字变为【五笔拼音】。

笔画输入

如果某个字用户既不会拆分也不知道拼音，这时可以使用极点的笔画辅助输入功能输入。按【`】键（通常是在【Esc】键的下方），之后按【/】键，然后按顺序输入汉字的笔画。例如"中"字要用笔画输入，其完整的编码就是"`/sghs"。

反查编码

1 用拼音打全单字编码后，候选项后面会显示五笔编码。

2 在极点五笔输入法状态下按【Ctrl】+【/】组合键反查编码，即可弹出如图所示的对话框。

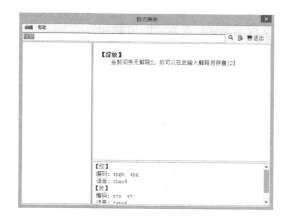

3 在左上方的文本框中输入要查询的内容，如输入"中国"，单击【查询输入框中词语解释】按钮 ，此时在左边的下拉框中会显示与"中国"有关的词组，右半部分会显示【中国】的解释和编码，然后选择需要查询的字词即可。

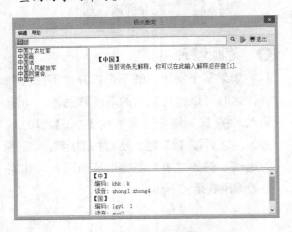

输出繁体字

用户可以在极点五笔状态栏上单击鼠标右键，在弹出的快捷菜单中选择【输出设置】【繁體字（國）】菜单项，此时状态栏中的【简/繁指示符】按钮则转为 繁 字。用户也可以单击【简/繁指示符】按钮 简，随即可转换为繁体字指示符按钮 繁。然后输入简体字的编码，即可输出对应的繁体字。如打"is"输出为"灑"。用户也可以使用【Ctrl】+【J】组合键快速切换简体/繁体输入。

3.4.2 百度五笔输入法

百度五笔是一款以五笔输入为主的优秀的输入法软件，兼容性和稳定性好，易用性极佳，具有简洁小巧的特点，而且更加体贴用户的操作习惯，功能性及实用性更强。

百度五笔的状态栏如图所示。

在百度五笔状态栏上单击鼠标右键，此时会弹出快捷菜单，用户可以选择相应的菜单项来设置百度五笔的功能。

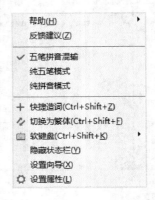

【设置属性】菜单项

选择百度五笔【基本设置】菜单项，用户可根据需要对【输入模式】、【五笔候选词设置】、【排序设置】、【全局设置】、【回车键用于】等组合框进行设置。

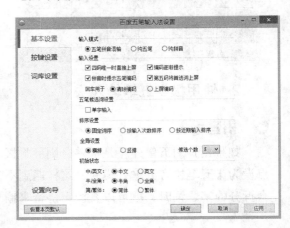

◎ 【按键设置】菜单项

【按键设置】主要是对百度五笔更具体的操作进行设置，包括【中英文切换】、【候选词选择】、【快捷键】等菜单项。

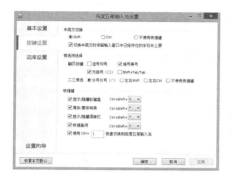

◎ 【词库设置】菜单项

【词库设置】菜单项包括【检索范围设置】、【排序设置】、【词库设置】等菜单项。

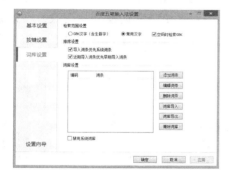

◎ 【设置向导】菜单项

【设置向导】菜单包括【输入模式】、【候选个数】、【输入设置】、【回车用于】等菜单项。

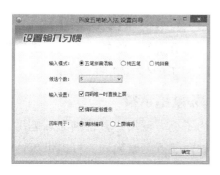

◎ 【全角字符】菜单项

主要用于是否开启【Shift】+【Space】组合键快速地切换至全角字符输入。

◎ 【中文标点】菜单项

输入用于是否开启【Ctrl】+【·】组合键快速地切换至中文标点符号。

◎ 【快捷键】菜单项

百度五笔的快捷键设置包括【显示/隐藏软键盘】（Ctrl+Shift+K）、【简体/繁体转换】（Ctrl+Shift+F）、【显示/隐藏语言栏】（Ctrl+Shift+Y）、【使用Ctrl+ \ 快捷切换到百度五笔输入法】这样使用快捷菜单更加方便快捷，节省时间。

◎ 造句

百度五笔在造词方面的改进可以说是方便到了极点。

随便输入一个词组，比如"顺当"，然后按【Ctrl】+【Shift】+【Z】组合键，确定是要选的词后按【Enter】键就可以了。

3.4.3　万能五笔输入法

万能五笔输入法是一款功能丰富、功能性强的五笔打字输入法，易用性极佳，又被称为"万能快笔"，"快笔"其精华在于易学好用，而且录入速度比五笔字型还快。

万能五笔输入法状态栏如图所示。

在万能五笔状态栏上单击鼠标右键，此时会弹出快捷菜单，用户可以选择相应的菜单项来设置万能五笔的功能。

◎ 【设置属性】菜单项

选择万能五笔【基本】菜单项，用户可根据需要对【输入模式】、【双拼方案】、【联想反查】、【默认选项】等组合框进行设置。

◎ 【按键】菜单项

万能五笔【按键】菜单项，用户可根据需要对【中英文切换】、【候选字词】、【软键盘按键】、【外挂按键】等组合框进行设置

◎ 全/半角指示符（按钮）

表示输入的字符为半角状态字符，●表示输入的字符为全角状态字符。

◎ 简/繁指示符

为了更方便用户，特别为五笔用户设计了一种万能五笔繁简通，可提供繁体或简体汉字输入，随意切换，方便快捷。

简 表示输出的字符是简体字，繁 表示输出的字符是繁体字。

◎ 中/英文标点指示符（按钮）

˙ 表示输入的是中文标点符号；˙ 表示输入的是英文标点符号。

◎ 反查汉字五笔编码

万能五笔可以反查一个汉字的五笔编码：右键单击万能五笔图标，选择"反查/词组联想"→"编码反查"选项，然后选择"五笔拼音混输"输入想查找的汉字即可查到编码。

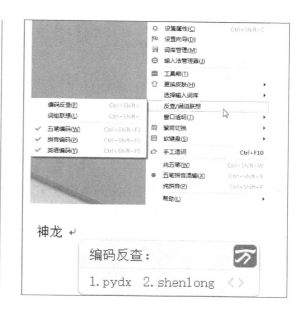

高手过招

自造词汇简码

1 在搜狗五笔输入法状态下，在状态栏上单击鼠标右键，在弹出的快捷菜单中选择【设置属性】菜单项，随即弹出【搜狗五笔输入法设置】对话框。

2 在对话框中单击【高级】按钮，在【高级】任务窗格中单击"自定义短语设置"按钮。

3 在随即弹出的【自定义短语设置】对话框中单击"添加新定义"按钮。

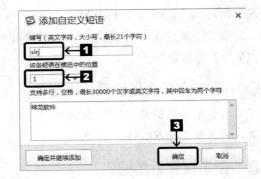

4 在【添加自定义短语】对话框的【缩写（英文字符，大小写，最长21个字符）】文本框中输入编码，在下面的列表框中输入短语，然后单击 确定 按钮。

5 返回【自定义短语设置】对话框，单击 确定 按钮即可。

设置快捷键

1 利用上面介绍的方法打开【文本服务和输入语言】对话框，切换到【高级键设置】选项卡。

2 在【操作】列表框中选中【切换到 中文（简体，中国）-中文（简体）-极点五笔】选项，然后单击 更改按键顺序(C)... 按钮。

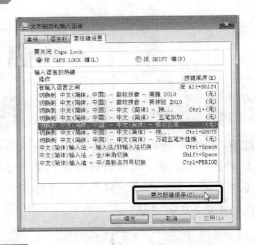

3 随即弹出【更改按键顺序】对话框，在对话框中选中【启用按键顺序】复选框，在【键】下拉列表中选择【1】选项，单击 确定 按钮，返回【文本服务和输入语言】对话框单击 应用(A) 按钮即可。

第2篇

Office 办公应用

本篇主要介绍Office 2013办公软件的安装与卸载以及Word 2013、Excel 2013、PowerPoint 2013的应用。

第4章

Office 2013的
安装与启动

Office 2013是现代办公中最常用的应用软件之一，是一套实用的办公软件。了解并掌握Office 2013软件对日常的工作和学习有十分重要的作用。下面就从安装与启动Office 2013开始学习相关的知识。

关于本章的知识，本书配套教学光盘中有相关的多媒体教学视频，请读者参见光盘中的【Office软件办公\认识Office 2013】。

4.1 安装Office 2013

Office 2013的安装十分简单，用户可以从自己的需要出发根据安装向导来进行安装。

安装Office 2013的具体步骤如下。

1 打开安装程序所在的文件，双击文件夹下的setup.exe文件。

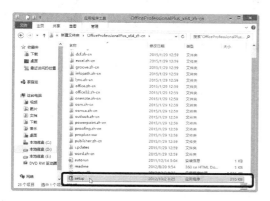

2 随即弹出【用户账户控制】对话框，在对话框中提示用户"您要允许以下程序对此计算机进行更改吗？"操作。

3 在对话框中单击 是(Y) 按钮，即可弹出【Microsoft Office 2013】窗口，在窗口中提示"安装程序正在准备必要的文件，请稍候"。

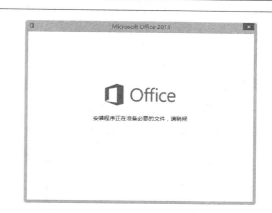

4 随即弹出【阅读Microsoft软件许可证条款】界面，仔细认真地阅读后，选中文字下方的"我接受此协议的条款"复选框，然后单击 继续(C) 按钮。

5 在弹出【选择所需的安装】界面，如果用户是初次安装Office 2013，可以单击 自定义(I) 按钮。

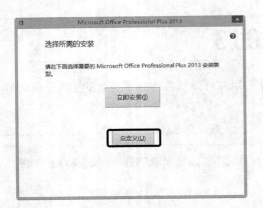

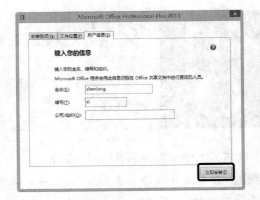

6 在弹出的窗口中切换到【安装选项】选项卡，在选项卡中选择需要安装的组件。

9 如果是重新安装，则直接单击 立即安装(I) 按钮，即可进入安装状态，在窗口中显示了安装的进度。

7 切换到【文件位置】选项卡，选择好文件的保存位置。

10 稍等片刻即可安装完成，安装完成后单击 关闭(C) 按钮，然后用户需重新启动电脑，并激活Office 2013。

8 切换到【用户信息】选项卡，根据自己的需要填写用户信息。

4.2 启动与退出Office 2013

安装完成后就可以进行Office 2013的启动与退出等操作了。

1. 启动Office 2013

下面以启动Word 2013为例介绍，具体步骤如下。

1 单击桌面左下角开始 按钮，弹出【开始】页面。

2 在【开始】界面的左下方单击下箭头按钮 ，出现【应用】界面，单击【Word 2013】。

3 此时在Word文档主页面，用鼠标单击空白文档。

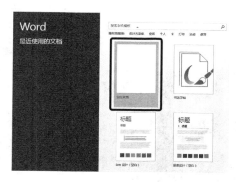

4 随即打开一个名为"文档1"的Word文档，此时Microsoft Word 2013程序即被启动。

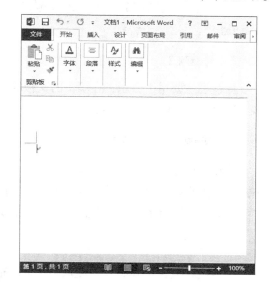

2. 退出Office 2013

当文档编辑完成后，单击窗口右上角的【关闭】按钮 ×，即可退出Office 2013程序。

4.3 Office 2013的工作界面

在学习Office 2013之前首先要认识Office 2013的工作界面，下面以Word 2013、Excel 2013和PowerPoint 2013为例介绍其工作界面。

按照前面的方法打开Office 2013的窗口。Office 2013的操作界面主要由标题栏、快速访问工具栏、功能区、【文件】按钮、文档编辑区、滚动条、状态栏、视图切换区以及比例缩放区等部分组成。

1. 标题栏

标题栏主要用于显示正在编辑的文档的文件名以及所使用的软件名，其中还包括标准的"最小化""还原"和"关闭"按钮。

2. 快速访问工具栏

快速访问工具栏主要由一些常用命令组成，例如"Word""保存""撤消"和"恢复"等按钮。在快速访问工具栏的最右端是一个下拉按钮，单击此按钮，在弹出的下拉列表中用户可以自主添加其他常用命令或经常需要用到的命令。

3. 功能区

功能区主要由"开始""插入""页面布局""引用""邮件""审阅""视图"等选项卡组成，其中还包括工作时需要用到的命令。

4. 【文件】按钮

【文件】按钮是一个类似于菜单的按钮，位于Office 2013窗口左上角。单击【文件】按钮可以打开【文件】面板，包含"信息""最近""新建""打印""共享""打开""关闭""保存"等常用命令。

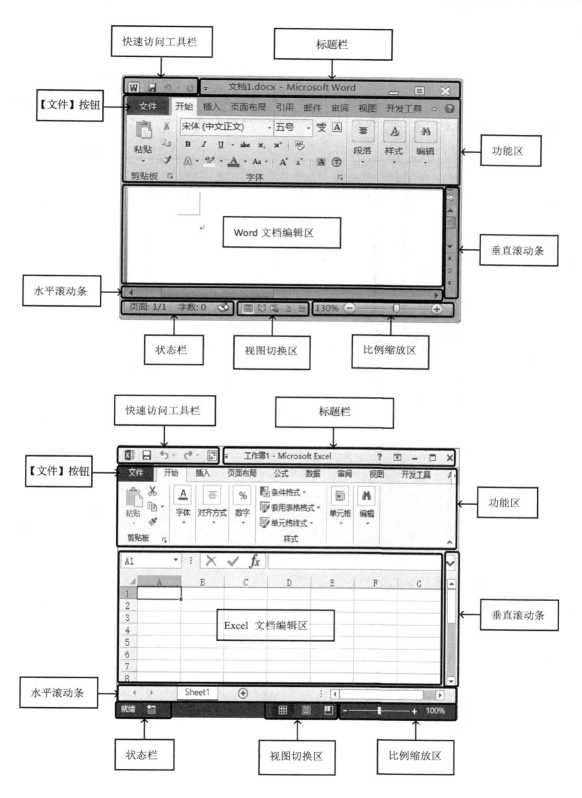

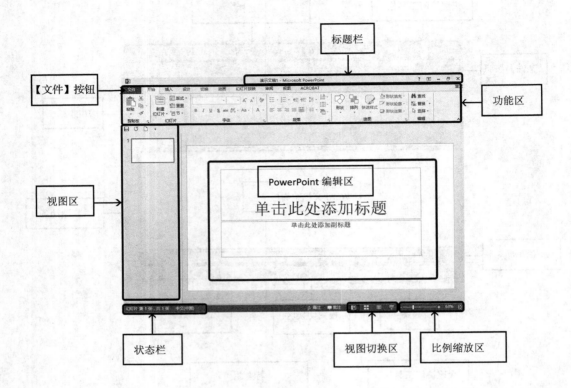

标题栏

功能区

【文件】按钮

视图区

PowerPoint 编辑区

单击此处添加标题

单击此处添加副标题

状态栏

视图切换区

比例缩放区

第5章

Word 2013基础应用

要对Word 2013文档进行编辑，首先就要掌握Word 2013文档的一些基本操作，如文档的建立与输入内容，文字、段落、页面格式的设置，图表的插入与美化等。

关于本章的知识，本书配套教学光盘中有相关的多媒体教学视频，请读者参见光盘中的【Office2013软件办公\Word 2013基础应用】。

5.1 创建公司员工奖惩制度

对Word 2013的操作大都是在文档中进行的，所以在进行各种操作之前，先要创建一个空白的Word 2013文档。

5.1.1 创建空白Word文档

在Word 2013中创建空白文档共有以下4种方法。

1. 利用【开始】菜单进行创建

用户可以利用【开始】菜单创建空白的Word 2013文档。具体的操作步骤如下。

■ **1** 单击【开始】按钮 ■■ ，弹出【开始】菜单，单击 ⊙ 按钮。

■ **2** 在弹出的【应用】列表中选择【Word 2013】。

■ **3** 在弹出Word 2013界面中选择【空白文档】即可创建一个空白文档。

2. 新建基于模板的文档

Word 2013为用户提供了多种类型的模板样式，用户可以根据需要选择模板样式并新建基于所选模板的文档。

新建基于模板的文档的具体步骤如下。

■ **1** 在打开的Word 2013文档中，单击 文件 按钮。

2 在弹出的界面中选择【新建】选项，并在右侧的【可用模板】任务窗格中选择【空白文档】选项，单击【创建】按钮 即可。

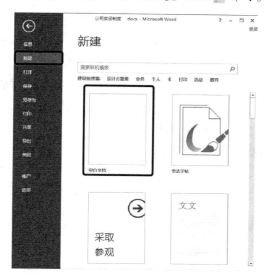

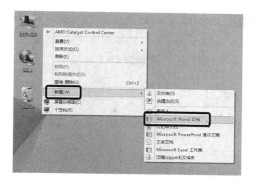

2 即可在桌面上创建Word 2013空白文档。

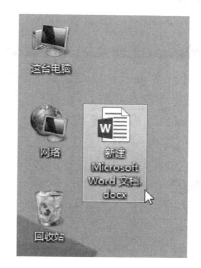

3. 利用右键快捷菜单进行创建

用户还可以利用右键快捷菜单创建空白的Word 2013文档，这里以在桌面上创建空白Word 2013文档为例进行介绍。

1 在桌面上单击鼠标右键，在弹出的快捷菜单中选择【新建】➤【Microsoft Word文档】菜单项。

4. 利用已有的Word文档创建

首先打开一个已有的Word 2013文档，然后按【Ctrl】+【N】组合键即可。

5.1.2 输入公司奖惩制度的内容

打开已经创建好的Word 2013空白文档，就可以直接在文档中输入内容了。在输入内容之前，首先要确定插入点，在空白文档中，光标的闪烁点即插入点，用户也可以手动将插入点定位在指定的位置。

1. 中文、英文、数字的输入

本小节原始文件和最终效果所在位置如下。	
原始文件	原始文件\第5章\公司奖惩制度01.docx
最终效果	最终效果\第5章\公司奖惩制度01.docx

下面以输入"神龙软件有限公司"的中文、英文和数字文本为例，介绍中文、英文和数字文本的输入，具体的操作步骤如下。

1 打开本实例的原始文件，切换到搜狗拼音输入法状态下，在插入点所在的位置输入公司中文名称"神龙软件有限公司"。

2 将中文输入完成后，按【Shift】键切换到英文输入状态，输入英文文本，按【Enter】键，将插入点定位在下一行行首，直接按下键盘上相应的数字键。

3 将公司奖惩制度输入完成。

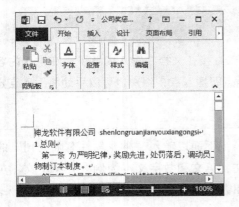

2. 时间和日期的输入

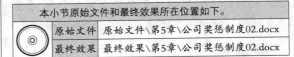

本小节原始文件和最终效果所在位置如下。		
◎	原始文件	原始文件\第5章\公司奖惩制度02.docx
	最终效果	最终效果\第5章\公司奖惩制度02.docx

在文档的编辑过程中，用户可能会遇到输入当前时间和日期的情况，但是又不清楚当前准确的时间和日期，此时，可以采用插入时间和日期的方法来解决该问题。插入时间和日期的具体步骤如下。

1 打开本实例原始文件，将插入点定位在要插入时间和日期的位置，切换到【插入】选项卡，单击【文本】组中的 日期和时间 按钮。

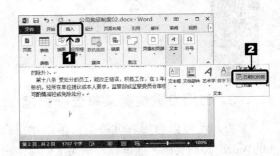

2 打开【日期和时间】对话框，在【语言（国家/地区）】下拉列表中选择【中文（中国）】选项，在【可用格式】列表框中选择合适的时间格式和日期格式。

3 单击 确定 按钮，即可将当前的时间和日期插入到文档中。

3. 符号文本的输入

本小节原始文件和最终效果所在位置如下。		
	原始文件	原始文件\第5章\公司奖惩制度03.docx
	最终效果	最终效果\第5章\公司奖惩制度03.docx

在文档的编辑过程中常常需要输入一些符号文本，有些符号文本可以通过键盘直接输入，但有些特殊符号则需要通过对话框来输入。通过对话框输入特殊符号的具体步骤如下。

1 打开本实例原始文件，将光标定位在要插入特殊符号的位置，切换到【插入】选项卡，单击【符号】组中 Ω 按钮，单击 Ω 其他符号(M)… 按钮。

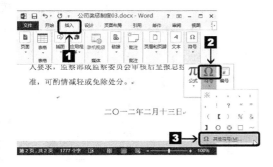

2 在弹出的【符号】对话框中，切换到【符号】选项卡，选择合适的符号，单击 插入(I) 按钮。

3 关闭【符号】对话框，返回文档中即可看到插入的符号。

4 若对插入的符号不满意，可在【符号】对话框中，切换到【特殊字符】选项卡，找到合适的字符插入即可。

5.1.3 保存公司员工奖惩制度

在编辑文档的过程中或编辑完成后，为防止因操作不当而造成文档内容的丢失，用户要随时对其进行保存。文档的保存有自动保存和手动保存两种方式。

1. 手动保存

手动保存就是用户需要通过操作来对文档进行保存。手动保存主要有以下两种方法。

⊙ 另存文档

本小节原始文件和最终效果所在位置如下。	
原始文件	原始文件\第5章\公司奖惩制度04.docx
最终效果	最终效果\第5章\公司奖惩制度04.docx

1 打开本实例的原始文件，单击 文件 按钮，在下拉菜单中选择【另存为】菜单项。

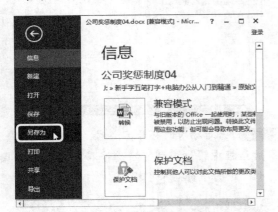

2 随即打开【另存为】对话框，选择合适的保存位置，在【文件名】下拉列表文本框中输入要保存的文档名称，这里输入"公司奖惩制度"，在【保存类型】下拉列表中选择需要保存的类型，这里选择"Word文档（*.docx）"，单击 保存(S) 按钮，即可将文档保存。

⊙ 使用快捷键进行保存

在文档的编辑过程中或是编辑完成后，可使用【Ctrl】+【S】组合键进行保存。

在新创建的文档中，按【Ctrl】+【S】组合键，随即弹出【另存为】对话框，用户在【另存为】对话框中进行设置后即可将文档保存。

在打开的已创建完成的文档中，按【Ctrl】+【S】组合键，文档即可被保存，保存后文档名称文档类和保存位置不变。

2. 设置自动保存

本小节原始文件和最终效果所在位置如下。	
原始文件	原始文件\第5章\公司奖惩制度04.docx
最终效果	最终效果\第5章\公司奖惩制度04.docx

在文档的编辑过程中，为了防止因操作不当而造成文档的丢失，需要对文档进行随时的保存。文档的自动保存功能就能解决这类问题。

下面以设置"公司员工奖惩制度"自动保存为例，具体操作如下。

1 打开本实例原始文件，单击 文件 按钮，在弹出的下拉菜单中选择【选项】菜单项。

2 打开【Word选项】对话框中，选择【保存】选项卡，在右侧【保存文档】组合框中选【保存自动恢复信息时间间隔】复选框，并在其微调框中输入合适的自动保存时间间隔，这里输入"5"，单击 确定 按钮。

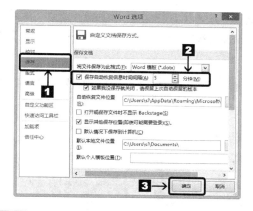

3 这样就为文档设置了自动保存，在编辑文档的过程中系统会自动地根据设定的时间间隔对文档进行保存。

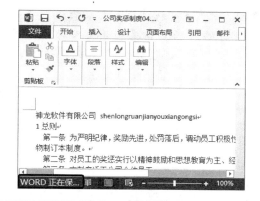

5.1.4 给公司员工奖惩制度加密

对于一些重要的保密性强的文档，为防止用户在未得到许可的情况下擅自对其查看、修改、复制、删除，对文档进行加密是必不可少的。

文档的加密可采取以下两种方式。

1. 利用【另存为】对话框加密

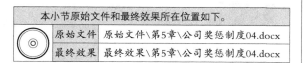

本小节原始文件和最终效果所在位置如下。	
原始文件	原始文件\第5章\公司奖惩制度04.docx
最终效果	最终效果\第5章\公司奖惩制度04.docx

利用【另存为】对话框可对文档进行双重加密，即打开文档和修改文档的双重加密。

下面以对"公司奖惩制度04.docx"进行加密为例，具体的步骤如下。

1 打开本实例的原始文件，单击 文件 按钮，在其下拉列表中选择【另存为】菜单项。

2 打开【另存为】对话框，单击 工具(L) ▼ 按钮，在其下拉列表中选择【常规选项】菜单项。

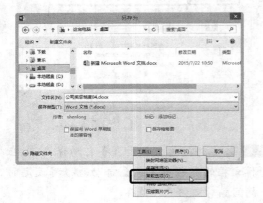

3 打开【常规选项】对话框，在【打开文件时的密码】和【修改文件时的密码】对话框中输入设置好的密码，这里输入"123456"，单击 确定 按钮。

4 在【确认密码】对话框中再次输入打开文档所需要的密码，单击 确定 按钮。

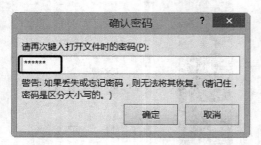

5 随即打开【确认密码】对话框，再次输入修改文档所需的密码，单击 确定 按钮，即可将文档加密。

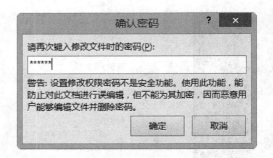

2. 在【文件】界面中进行加密

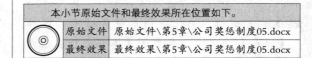

本小节原始文件和最终效果所在位置如下。		
	原始文件	原始文件\第5章\公司奖惩制度05.docx
	最终效果	最终效果\第5章\公司奖惩制度05.docx

除利用【另存为】对话框对文档进行加密外，还可以在【文件】界面中进行加密。但利用这种方法只能对文档进行一重加密，文档被打开后用户可对其进行修改、复制、保存等操作。

1 打开本实例的原始文档，单击 文件 按钮，然后在弹出的下拉菜单中选择【另存为】选项。

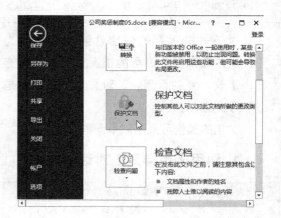

2 在右侧的窗格中单击【保护文档】按钮，在弹出的下拉列表中选择【用密码进行加密（E）】选项。

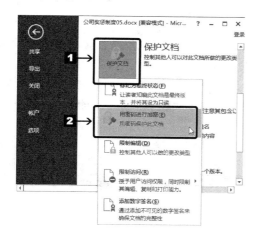

3 在弹出的【加密文档】对话框中输入事先设定好的密码，这里输入"123456"，单击 确定 按钮。出现再次确认密码重新输入即可将文档加密。

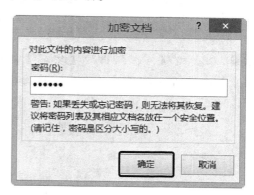

5.1.5 查看公司员工奖惩制度

查看普通的文档，可以直接打开，但如果要查看已经加密的文档，首先就要知道加密密码，才能打开文档。

下面就介绍两种查看加密后的Word文档的方法。

1. 查看利用【另存为】对话框加密方式加密的文档

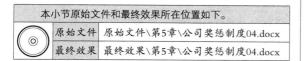

本小节原始文件和最终效果所在位置如下。	
原始文件	原始文件\第5章\公司奖惩制度04.docx
最终效果	最终效果\第5章\公司奖惩制度04.docx

1 双击需要打开的文档，在弹出的【密码】对话框中输入打开文档所需的密码，这里输入"123456"，单击 确定 按钮。

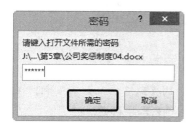

2 在随即弹出的【密码】对话框中输入修改文档所需的密码，这里输入"123456"，单击 确定 按钮，就可以将文档打开。

提示

若在步骤2中没有输入密码，单击 只读(R) 按钮，则文档打开后只能阅读，不能对其进行修改、保存等操作。

2. 查看在【文件】界面中进行加密的文档

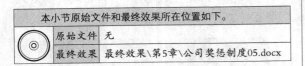

本小节原始文件和最终效果所在位置如下。	
原始文件	无
最终效果	最终效果\第5章\公司奖惩制度05.docx

1 双击文档，在弹出的【密码】对话框中输入打开文档所需的密码，这里输入"123456"，单击 确定 按钮。

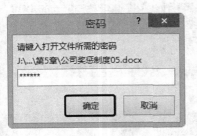

2 即可将文档打开，并对文档进行修改。

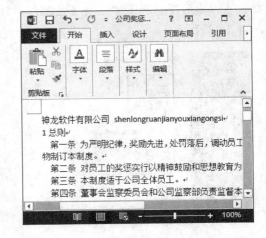

5.2 制定公司简章

为了使公司的简章制度更加体现公司的特色，使文档更具有层次，就需要对文档的字体和段落进行一定的设置，突出重点文档，增加文档的视觉效果。

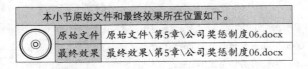

本小节原始文件和最终效果所在位置如下。	
原始文件	原始文件\第5章\公司奖惩制度06.docx
最终效果	最终效果\第5章\公司奖惩制度06.docx

5.2.1 添加艺术字标题

艺术字是文档中具有特殊效果的一种文字，对文字进行艺术字的处理后能更加突出文字的效果，增加文档的层次感和视觉效果。

---

1 打开本实例的原始文件，选中要设置艺术字的文字，切换到【插入】选项卡，在【文本】组中单击【艺术字】按钮，在其弹出的下拉菜单中选择合适的艺术字格式。

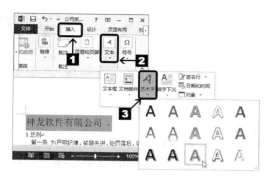

2 选中艺术字文本，单击鼠标右键，然后从弹出的快捷菜单中选择【字体】菜单项，在弹出的【字体】对话框中，切换到【字体】选项卡。

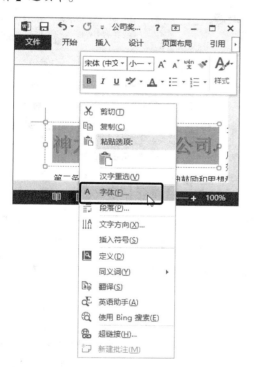

4 返回文档中调整艺术字的大小和位置即可。

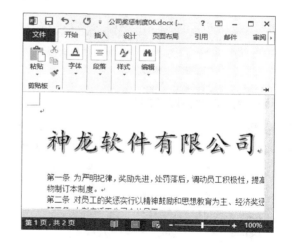

3 在【字体】选项卡中的【中文字体】下拉列表中选择合适的字体，这里选择【楷体】，在【字体颜色】下拉列表中选择合适的字体颜色，这里选择【黑色】，单击 确定 按钮。

5.2.2　设置字体效果

在编辑文档的过程中，对字体格式进行适当的设置，可以突出文档的重点、增加文档的层次性。字体格式的设置包括设置字体、字号、字体颜色以及字符间距等。

1. 设置字体格式

用户在Word 2013中对字体、字号和字体颜色的设置，可通过以下3种方式进行。

○　使用浮动工具

1　选中需要设置字体、字号、字体颜色的文字，即可在文字的上方出现一个半透明的浮动工具栏，将鼠标指针移动到该工具栏上，将其显示出来。

2　在浮动工具栏的【字体】下拉列表中选择【Calibri】选项，在【字号】下拉列表中选择【五号】，单击加粗按钮 **B**。在文档其他位置单击鼠标即可退出浮动工具栏。

○　使用功能区

用户还可以利用功能区对字体、字号、字体颜色进行设置，具体的步骤如下。

1　选中文字，在【开始】选项卡下，单击【字体】组中的【对话框启动器】按钮。

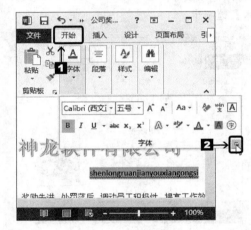

2　随即打开【字体】对话框，切换到【字体】选项卡，对字体进行相应的设置。

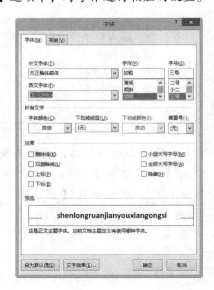

○ 使用右键快捷菜单

除以上方法外，用户还可以利用右键快捷菜单对字体、字号、字体颜色进行设置。具体方法是：选中文字，在选中的文字上单击鼠标右键，在弹出的右键快捷菜单中选择【字体】选项，随即弹出【字体】对话框，在【字体】对话框中对字体进行设置即可。

2. 设置字符间距

字符间距指的是文档中文字之间的距离，通过对字符间距的设置，可以使Word文档的布局更加合理，字符间距有标准、加宽、缩进3种类型。

在Word 2013中设置字符间距的具体步骤如下。

1 在打开的文档中，选中需要调整字符间距的文字，在【开始】选项卡的【字体】组中单击【对话框启动器】按钮 。

2 在弹出的【字体】对话框中，切换到【高级】选项卡，在【间距】下拉菜单中选择合适的选项，这里选择【加宽】选项，在【磅值】微调框中输入合适的数值，这里输入"1.5"，此时可在【预览】框中看到预览效果，单击 确定 按钮。

3 返回文档就可以看到设置的效果了。

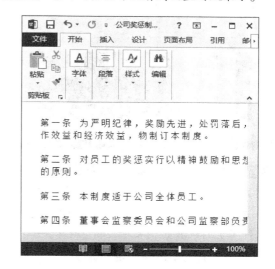

提示

另外，如果用户对字体的设置不很满意，可以再次打开【字体】对话框，通过【位置】功能区和【OpenType 功能】功能区对字体进行设置。

5.2.3 设置段落格式

要使文档布局合理，层次分明，重点突出，除了要对文档的字体进行设置外，还有必要对文档的段落格式进行调整。设置文档段落格式包括设置段落的对齐方式、缩进方式和间距等。对段落格式的设置可使用浮动工具栏、功能区和右键快捷菜单等来进行。

1. 设置段落对齐方式

段落的对齐方式有两端对齐、居中、左对齐、右对齐和分散对齐5种方式 ≡ ≡ ≡ ≡ ≡。

下面以使用右键快捷菜单设置段落对齐方式为例，具体的步骤如下。

1 打开文档，选中要进行段落设置的文字，在选中的文字上单击鼠标右键，在弹出的快捷菜单中选择【段落】菜单项。

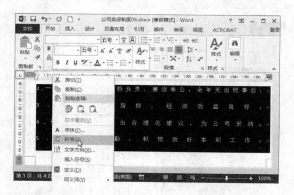

2 随即弹出【段落】对话框，在【缩进和间距】选项卡的【对齐方式】下拉菜单中选择【居中】选项，单击 确定 按钮，返回文档即可看到设置的效果。

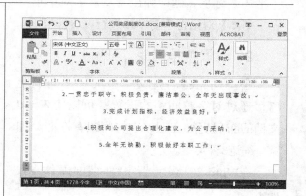

2. 设置段落的缩进

段落缩进是指文档中段落两侧与页边距之间的距离，设置段落的缩进可以使文档更加美观，分布更加合理。在Word 2013文档中段落的缩进方式主要有首行缩进、悬挂缩进、左缩进和右缩进4种。

1 将光标定位在要进行段落设置的段落内，在【开始】选项卡【段落】组中单击【对话框启动器】按钮。

2 随即打开【段落】对话框，选择【缩进和间距】选项卡，在【缩进】组中的【特殊格式】下拉列表中选择【首行缩进】选项，此时可在【预览】框中看到预览的效果，单击 确定 按钮。

◎ 使用标尺

利用标尺对段落缩进进行调整的具体步骤如下。

1 若文档中隐藏了标尺，可以通过勾选【快速访问工具栏】上的【标尺】复选框添加，效果如图所示。

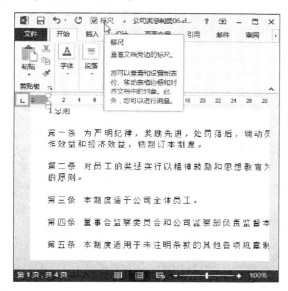

2 将光标定位在要进行调整段落缩进的段落内，然后根据需要拖动上方的标尺按钮即可。

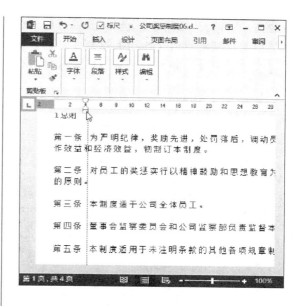

3. 设置段落间距

段落间距是相邻两个段落之间的距离，对段落间距的设置可以利用功能区、右键快捷菜单等方式来进行。

下面以利用右键快捷菜单设置段落间距为例，具体的步骤如下。

1 在文档中，选中要进行段落间距调整的段落，单击鼠标右键，在弹出的快捷菜单中选择【段落】菜单项。

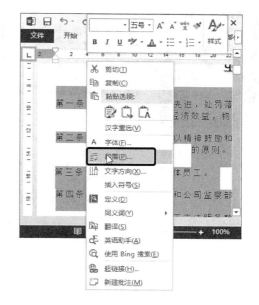

2 随即打开【段落】对话框，在【缩进和间距】选项卡中的【间距】组的【段前】、【段后】和【行距】微调框中输入合适的数值，单击 确定 按钮。

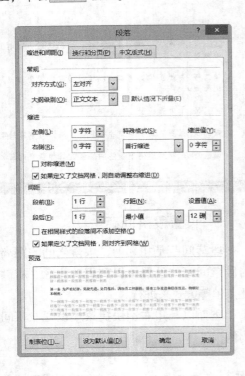

3 返回文档即可看到调整后的段落的间距。按照上面的方法将其他段落之间的距调整好。

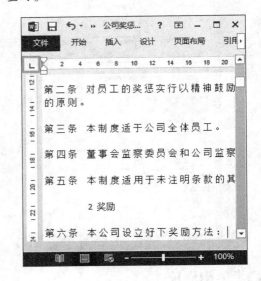

5.3 美化公司简章

对文档的文字和段落进行了设置后，还要对文档的整体格式进行设置，为文档添加边框和底纹，使文档既整齐又美观大方。

本小节原始文件和最终效果所在位置如下。	
原始文件	原始文件\05\公司简章.docx
最终效果	最终效果\05\公司简章.docx

5.3.1　设置边框和底纹

在文档的编辑过程中，常常需要对文档进行一定的装饰，为文档添加边框和底纹可以突出文档的重点，美化文档版面。为文档添加边框和底纹可分为为文字添加边框和底纹、为段落添加边框和底纹、为页面添加边框和底纹3种情况。

1. 为文字添加边框和底纹

在文档的编辑过程中，为文字添加边框和底纹可以起到强调作用，让人对文档的理解更加深刻。为文字添加边框和底纹的具体步骤如下。

1 打开本实例的原始文件，选中要添加边框和底纹的文字，切换到【设计】选项卡，选择单击【页面背景】组中的 页面边框 按钮。

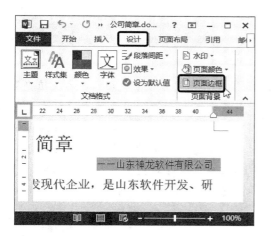

2 随即打开【边框和底纹】对话框，切换到【边框】选项卡，在【设置】组合框中选择一种合适的边框样式，在【样式】列表框中选择一种合适的线形，这里选择【阴影】，在【颜色】下拉列表中选择合适的颜色，这里选择【绿色】，在【宽度】下拉列表中选择合适的磅值，这里选择【0.5磅】，在右侧的【预览】窗格中可以看到设置的效果，然后在【应用于】下拉列表中选择【文字】选项。

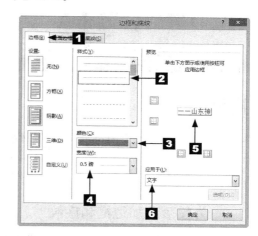

3 切换到【底纹】选项卡，在【填充】下拉列表中选择合适的颜色，这里选择【紫色】，在【样式】下拉列表中选择合适的图案样式，这里选择【无】，这时在右侧的【预览】窗格中可以看到预览的效果。

4 单击 确定 按钮，返回文档即可看到为文字设置的边框和底纹了。

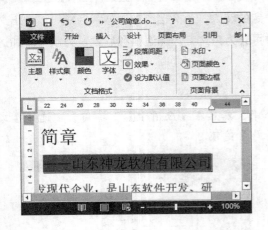

提示

在【边框和底纹】对话框中可以只设置边框或底纹。

2. 为段落添加边框和底纹

在文档的编辑过程中，对于一些需要特别强调的段落可以通过添加边框的方式来突出段落。为段落添加边框和底纹的具体步骤如下。

1 选中要添加边框和底纹的段落，切换到【设计】选项卡，在【页面背景】组中，单击 页面边框 按钮。

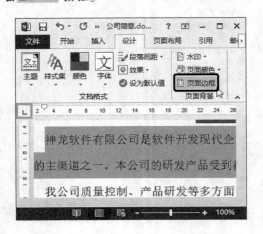

2 打开【边框和底纹】对话框，切换到【边框】选项卡，在【设置】组合框中选择一种合适的边框样式，此处选择【三维】，在【样式】列表框中选择一种合适的线形，在【颜色】下拉列表中设置合适的边框颜色，在【宽度】下拉列表中选择合适的磅值，这里选择【0.5磅】，在右侧的【预览】窗格中可以看到设置的效果，然后在【应用于】下拉列表中选择【段落】选项。

3 切换到【底纹】选项卡，在【填充】下拉列表中选择合适的颜色，在【样式】下拉列表中选择合适的图案样式，在【颜色】下拉列表中选择合适的颜色，在【应用于】下拉列表中选择【段落】，这时在右侧的【预览】窗格中可以看到预览的效果。

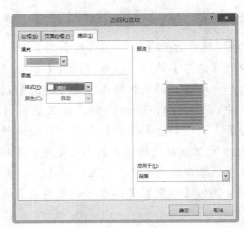

4 单击 确定 按钮，返回文档就可以看到设置的边框和底纹的效果了。

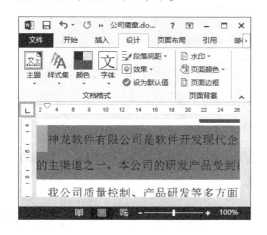

3. 为页面添加边框和底纹

对文档的美化除了为文档的文字和段落设置边框和底纹外，还可为页面添加边框和底纹，对整个文档页面进行统一的设置。

1 打开文档，切换到【设计】选项卡，在【页面背景】组中，单击 页面边框 按钮。

2 在【边框和底纹】对话框中切换到【页面边框】选项卡，在【设置】组合框中选择一种合适的边框样式，这里选择【方框】，在【样式】列表框中选择一种合适的线形，在【颜色】下拉列表中选择一种合适的颜色，在【宽度】下拉列表中选择合适的磅值，这里选择【14磅】，在【艺术型】下拉列表中选择合适的图形，这时可在右侧的【预览】窗格中看到预览的效果。

3 单击 确定 按钮。返回文档就可以看到为页面设置的边框效果了。

5.3.2　添加项目符号和编号

人们在阅读篇幅过长的文档时常常很难找到自己需要的内容，这时对文档添加项目符号和编号就可以解决此类问题，使文档层次分明，条理清晰，让人一目了然。

1．添加编号

为文档添加编号可以使文档条理清晰，层次分明，方便用户快速准确地找到自己需要的内容。为文档添加编号的步骤如下。

1 将光标定位在需要添加编号的段落，切换到【插入】选项卡，在【符号】组中单击编号按钮。

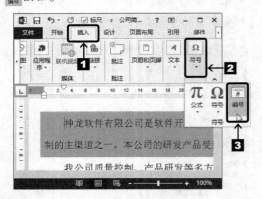

2 打开【编号】对话框，在【编号】文本框中输入该段落的编号，在【编号类型】列表框中选择合适的类型，单击 确定 按钮。

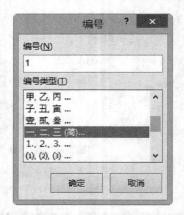

3 返回文档就可以看到为该段落设置的编号了，并按照上面的方法将其他段落的编号添加完成。

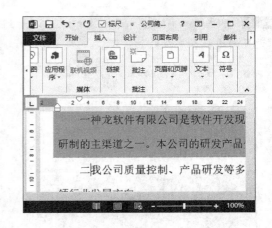

2．添加项目符号

根据不同的内容为文档添加不同的项目符号，可以使文档内容更加有序、条理分明。为文档添加项目符号的步骤如下。

1 选中要添加项目符号的段落，切换到【开始】选项卡，在【段落】组中单击【项目符号库】下拉按钮 ⋮≡ ▾，弹出下拉列表。

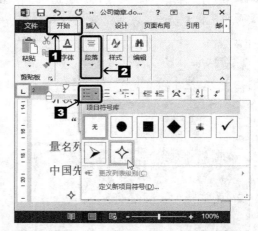

2 单击【项目符号库】中的项目符号即可将其插入文档中。

3 若对插入的符号不满意，可以在【项目符号库】中选择【定义新项目符号】选项。

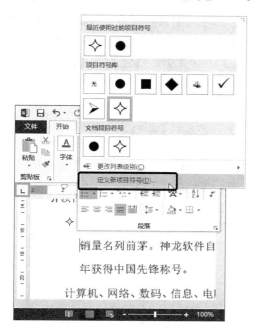

4 打开【定义新项目符号】对话框，在对话框中单击 符号(S)... 按钮。

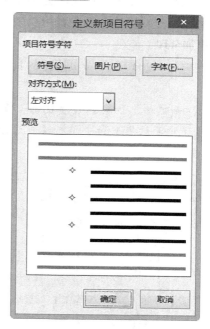

5 在弹出的【符号】对话框中，选择合适的符号，单击 确定 按钮，返回【符号】对话框，然后单击 确定 按钮，即可将新定义的项目符号插入文档中。

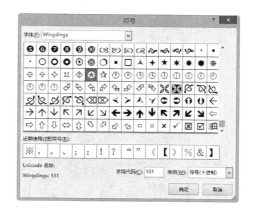

5.3.3 页面设置

在实际编辑Word文档时，有时会遇到特殊版式的文档，要制作特殊版式的文档就要对文档的页面进行设置。页面设置包括对页边距、文档纸张、文档网格、页眉和页脚等的设置。

1. 设置页边距

页边距指的是文档的文本区到纸张边界的距离，通过对页边距的设置可以使文档的布局更加合理、美观。

在Word 2013中设置页边距的具体步骤如下。

1 打开文档，切换到【页面布局】选项卡，在【页面设置】组中单击【页边距】按钮 。

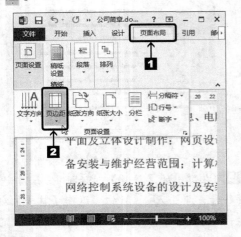

2 在弹出的下拉列表中选择合适的页边距即可。

3 若对下拉列表中的页边距不满意，可以单击【自定义边距】选项或单击【页面设置】组中的【对话框启动器】按钮 。

4 弹出【页面设置】对话框，切换到【页边距】选项卡，在【页边距】组合框中的【上】、【下】、【左】、【右】微调框中输入合适的数值，单击 确定 按钮即可。

5 返回文档即可看到设置的页边距。

2．设置纸张

在实际中，文档的编辑有时会用到不同的纸张类型和纸张方向，用户可以根据自己的需要对纸张进行设置来满足自己的需求。纸张的大小主要有A4、A5、B5和16开等多种规格，系统默认的是A4规格。纸张的方向是指纸张的摆放方式，包括纵向和横向两种类型。

对纸张设置具体步骤如下。

1 打开文档，切换到【页面布局】选项卡，在【页面设置】组中单击【纸张大小】按钮，在弹出的下拉列表中选择合适的规格，这里选择【16开（18.4×26厘米）】。

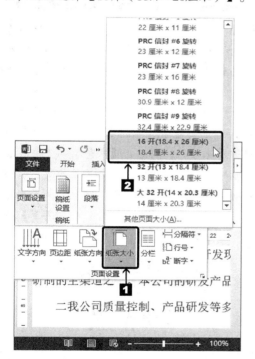

2 若对系统提供的纸张大小不满意可以选择【其他页面大小】选项。

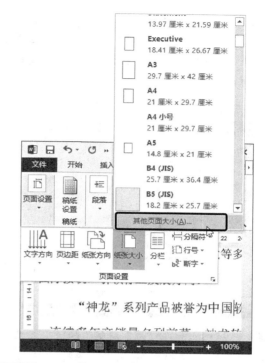

3 弹出【页面设置】对话框，在【纸张大小】组合框中的【宽度】、【高度】微调框中输入合适的数值，单击 确定 按钮。

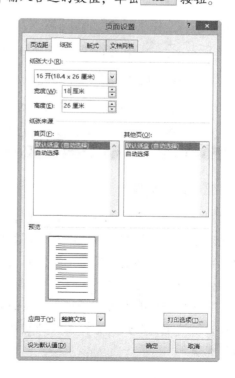

4 设置纸张方向。在【页面设置】组中单击 按钮，在弹出的下拉列表中选择合适的纸张方向，现代文档的纸张方向一般采取【纵向】。

5 返回文档即可看到对纸张的设置效果。

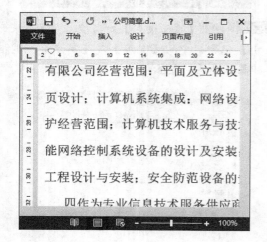

3. 文档网格

对文档页面设置来说，设置纸张大小和页边距之后，版式基本就确定了，如果要更加精确地对文档进行设置，则需要利用文档网格来进行设置。文档的行与字符叫作网格，对文档网格的设置就是对文档页面的行数和每行的字数的设置。设置文档网格的具体步骤如下。

1 打开文档，切换到【页面布局】选项卡，单击【页面设置】组中的【对话框启动器】按钮 。

2 打开【页面设置】对话框，切换到【文档网格】选项卡，在【栏数】微调框中输入文档的栏数，这里输入"2"，在【网格】组合框中选择合适的选项，若选择【无网格】单选按钮，则Word文档根据内容自行设置每行字符数和每页行数，若选择【指定行和字符网格】单选按钮，则可在【每行】、【每页】微调框中输入合适的数值来设置每行所显示的字符数和每页所显示的行数，这里选择【指定行和字符网格】，并在【每行】和【每页】微调框中分别输入"17"和"33"。

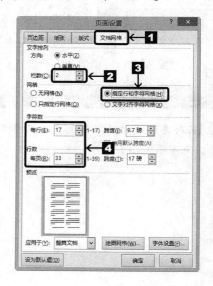

3 在【应用于】下拉列表中选择合适的应用范围，这里选择【整篇文档】，单击 确定 按钮。返回文档即可看到设置的文档网格的效果。

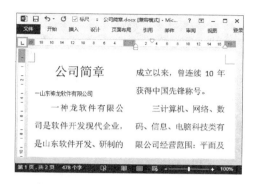

4. 设置页眉页脚

为了方便用户快速查找自己所需要的内容，在文档中插入页眉和页脚是十分必要的，Word 2013系统提供了多种页眉和页脚的样式，用户也可以根据自己的需要自定义新的页眉和页脚。

为文档设置页眉和页脚的具体步骤如下。

1 设置系统自带的页眉和页脚的样式。打开文档，切换到【插入】选项卡，在【页眉和页脚】组中，单击 页眉 按钮，在弹出的下拉列表中选择一种页眉样式。

2 随即进入页眉编辑状态，在页眉编辑区输入页眉文本，此处输入"神龙软件有限公司"，选中输入的文字并设置合适的格式，此处选择【华文新魏】、【小四】。

3 单击【设计】组中【关闭页眉和页脚】按钮 ，返回文档即可看到设置的文档页眉，页脚的设置方法相同。

4 自定义新的页眉和页脚。在【页眉和页脚】组中单击【页脚】按钮，在弹出的下拉列表中选择【编辑页脚】选项。

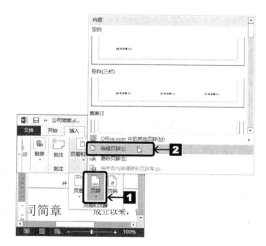

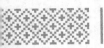
5 此时进入页脚编辑状态，这里输入文档的页码"1"。

6 选中输入的页脚文字，设置好页脚的字体格式，这里设置为【华文隶书】、【小四】、【蓝色】，设置完成后单击【设计】组中的【关闭页眉和页脚】按钮 即可。

5.4 制作订单管理流程

对公司订单的管理不仅需要文字的描述，还要插入相应的图片来辅助说明问题，图文结合能更加准确清晰地表达文档的主旨。

5.4.1 插入并编辑图片

在Word 2013文档的编辑过程中常常需要插入图片，用图片来配合文档的内容，使文档图文并茂，美观大方。

本小节原始文件和最终效果所在位置如下。	
原始文件	原始文件\第5章\软件研发进度01.docx
最终效果	最终效果\第5章\软件研发进度01.docx

1. 插入图片

在Word 2013文档的编辑过程中常常需要插入图片，用图片来配合文档的内容，使文档图文并茂，美观大方。

在Word 2013中插入图片的具体步骤如下。

1 打开本实例的原始文件，将光标定位在

需要插入图片的位置，切换到【插入】选项卡，在【插图】组中单击【图片】按钮 。

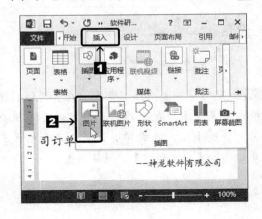

2 随即弹出【插入图片】对话框，在对话框中找到需要插入到文档中的图片01.PNG，单击 插入(S) 按钮。

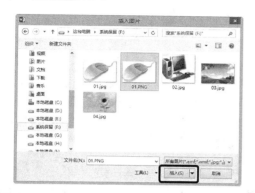

3 返回文档中，即可看到插入到文档中的图片。

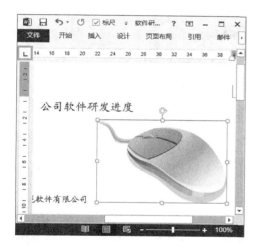

2. 编辑图片

在Word 2013中可以对插入的图片进行编辑，使图片与文档的编排更加合理，美观大方。对插入图片的编辑可利用功能区和右键快捷菜单来进行，具体的操作步骤如下。

1 选中插入的图片，切换到【格式】选项卡，单击【大小】组中的【对话框启动器】按钮。

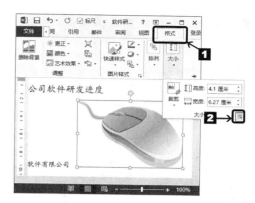

2 在【格式】选项卡中，单击【位置】按钮，在下拉列表中单击【其他布局选项】。

3 随即打开【布局】对话框，切换到【文字环绕】选项卡，在【环绕方式】组合框中选择【浮于文字上方】选项，然后单击 确定 按钮。

4 返回文档，在图片上单击鼠标右键，在弹出的右键快捷菜单中选择【设置图片格式】菜单项。

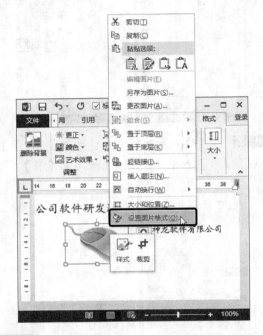

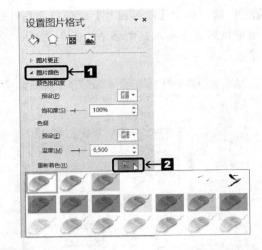

5 随即弹出【设置图片格式】对话框，在对话框左侧窗格中选择【图片颜色】选项，在右侧窗格中单击【重新着色】组合框中的【预设】下拉按钮，在下拉列表中选择合适的颜色样式。

6 返回文档中，适当调整图片的大小和位置即可。

5.4.2 插入并编辑自选图形

在文档的编辑过程中，不仅需要插入图片，有时还需要绘制一些自选图形，以配合文字来说明问题，在Word 2013中绘制和编辑自选图形的具体步骤如下。

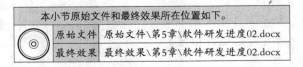

本小节原始文件和最终效果所在位置如下。	
原始文件	原始文件\第5章\软件研发进度02.docx
最终效果	最终效果\第5章\软件研发进度02.docx

1. 插入自选图形

在Word 2013中插入自选图形的具体步骤如下。

1 打开本实例的原始文件，切换到【插入】选项卡，单击【插图】组中的【形状】按钮。

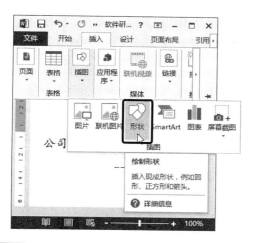

2. 编辑自选图形

若对插入的自选图形不满意，可以对其进行编辑，自选图形的编辑可通过功能区、右键快捷菜单两种方式实现。

1 选中绘制完成的自选图形，切换到【格式】选项卡，在【形状样式】组中单击【样式】列表框右侧的【其他】按钮，在下拉列表中选择合适的主题颜色。

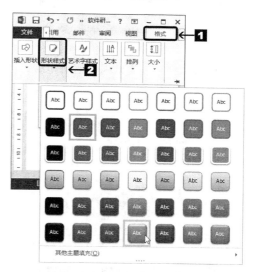

2 在弹出的下拉列表中选择合适的图形，这时鼠标指针变成十形状。

3 在文档中按住鼠标不放，即可在文档中绘制出自定义的图形了。

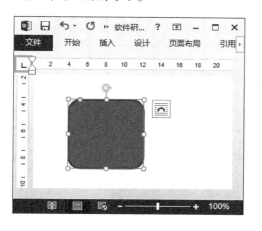

2 单击【形状样式】组中的形状填充按钮，在下拉列表中选择合适的填充颜色，这里选择【橙色】，设置效果如图所示。

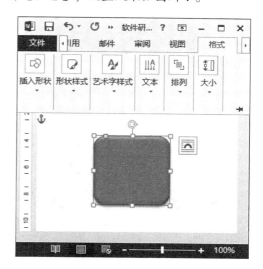

3 单击【形状样式】组中的  形状效果 · 按钮, 在下拉列表中选择【预设】→【预设4】选项。

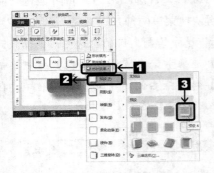

4 返回文档中设置效果如图所示。

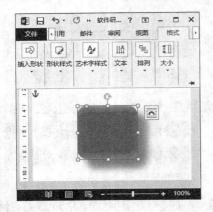

5 在自选图形上添加文字。选中绘制的自选图形, 在图形上单击鼠标右键, 在弹出的快捷菜单中选择【添加文字】菜单项。

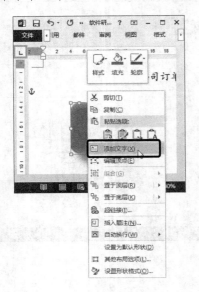

6 随即图形进入编辑状态, 即可向图形上添加文字了, 这里输入"研发进度"。

7 选中输入的文字, 设置好文字的字体格式。

8 返回文档中, 调整好图形的大小和位置。

5.4.3　插入并编辑剪贴画

在Word 2013文档中不仅可以插入图片和自选图形，还可以插入剪贴画。剪贴画是Word程序中自带的图形，是用户对文档进行装饰的一个重要的素材来源。

本小节原始文件和最终效果所在位置如下。	
原始文件	原始文件\第5章\软件研发进度03.docx
最终效果	最终效果\第5章\软件研发进度03.docx

在Word 2013中插入剪贴画的具体步骤如下。

1 打开本实例的原始文档，切换到【插入】选项卡，在【插图】组中单击【联机图片】按钮。

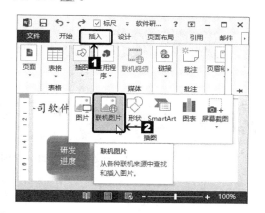

2 随即在弹出【必应图像搜索】任务窗格，在搜索框中输入要插入的剪贴画的文字，这里输入"人物"，然后单击按钮，稍等片刻即可在下方的下拉列表框中出现搜索到的剪贴画的图片。

3 在搜索到的剪贴画中找到合适的图案，在剪贴画上双击即可将剪贴画插入到文档中。

4 关闭【剪贴画】任务窗格，切换到【格式】选项卡，单击【大小】组中的【对话框启动器】按钮。

5 随即打开【布局】对话框，切换到【文字环绕】选项卡，在【环绕方式】组合框中选择【浮于文字上方】选项，单击 确定 按钮。

6 返回文档，调整好剪贴画的大小和位置，效果如图所示。

5.4.4 插入SmartArt图形

SmartArt图形是信息和观点的可视表示形式，用户可在多种不同的布局中选择创建SmartArt图形，来更加清晰、有效地表达观点。

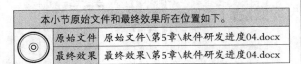

本小节原始文件和最终效果所在位置如下。	
原始文件	原始文件\第5章\软件研发进度04.docx
最终效果	最终效果\第5章\软件研发进度04.docx

在Word 2013中插入并剪辑SmartArt图形的具体步骤如下。

1 打开本实例的原始文档，切换到【插入】选项卡，在【插图】组中单击【SmartArt】按钮。

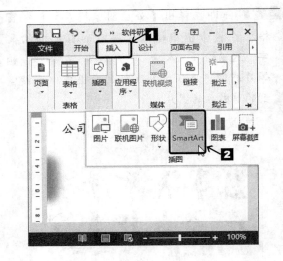

2 随即在文档窗口的右侧弹出【选择SmartArt图形】对话框，在左侧的窗格中选择【列表】选项，在中间的窗格中选择合适的样式，此时在右侧的窗格中可预览到图形的样式，然后单击 确定 按钮。

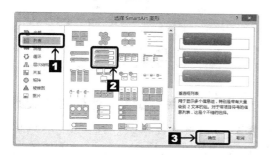

3 返回文档即可看到插入的SmartArt图形，按照前面介绍的方法将SmartArt图形的环绕方式设置为【浮于文字上方】，并调整好图形的大小和位置。

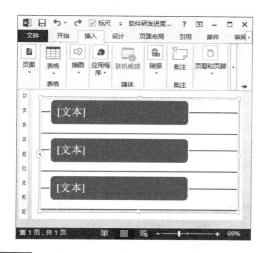

4 编辑SmartArt图形。选中插入的SmartArt图形，切换到【设计】选项卡，单击【创建图形】组中的 添加形状 按钮，在下拉列表中选择【在后面添加形状】选项。

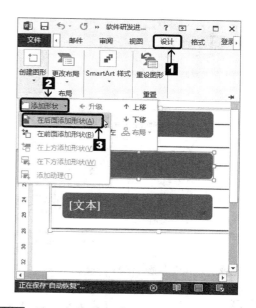

5 返回文档即可为SmartArt图形添加一个形状。

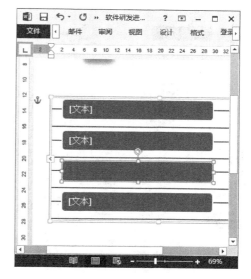

6 为SmartArt图形更改样式和颜色。选中SmartArt图形，切换到【设计】选项卡，单击【SmartArt样式】组中的【样式列表】右侧的其他按钮，在下拉列表中选择合适的样式，这里选择【三维】➤【卡通】选项。

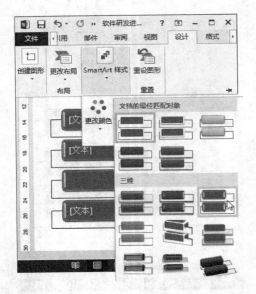

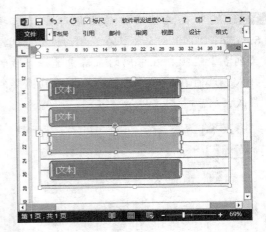

7 单击【SmartArt样式】组中的【更改颜色】按钮，在下拉列表中选择合适的颜色选项。

9 为图形更改形状。选中第1个形状，切换到【格式】选项卡，单击【形状】组中【更改形状】按钮，在下拉列表中选择合适的形状，这里选择【流程图】➢【流程图：可选过程】，即可将原来的形状替换成新的形状。

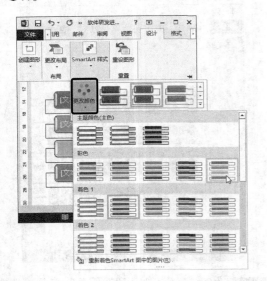

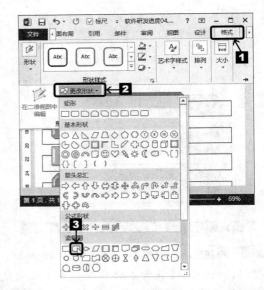

8 返回文档即可看到为图形设置的样式和更改的颜色。

10 按照上面介绍的方法将其他的形状更改完成，效果如下图所示。

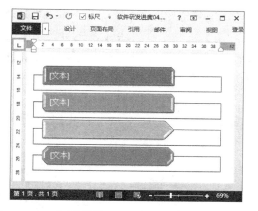

11 在图形上添加相应的文本，并设置好字体的格式，调整好SmartArt图形的大小和位置，效果如下图所示。

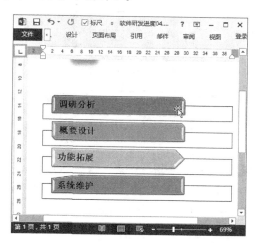

提示

另外，用户还可以单击文档窗口右下角的"显示比例"区域中的 100% 按钮，或直接单击【缩小】按钮 ━ 和【放大】按钮 ✚，来调整文档的缩放比例。

5.5 制作员工业务提成图表

图表能直观简单地表达出各种信息之间的相互关系，为Word文档添加图表可以增加文档的表现力，使文档图文并茂。

5.5.1 制作员工业务提成表

在Word 2013中添加表格的方法有两种，一种是直接在文档中插入，一种是利用绘制表格工具进行绘制。下面以在文档中绘制表格为例，介绍Word文档中表格的操作。

本小节原始文件和最终效果所在位置如下。

原始文件	原始文件\第5章\员工业务提成表.docx
最终效果	最终效果\第5章\员工业务提成表.docx

1. 绘制表格

采用直接插入表格的方法可以快速地插入一些简单的表格，但在实际中常常需要为文档添加一些复杂的表格，采用直接插入表格的方法不能满足用户的需求，这时可采用绘制表格的方法来解决这类问题，在Word 2013中绘制表格的具体步骤如下。

1 打开本实例的原始文件，切换到【插入】选项卡，单击【表格】组中的【表格】按钮 ▦ ，在下拉列表中，选择【绘制表格】选项。

2 此时鼠标指针变成"✐"形状，在文档中要绘制表格的位置，按住鼠标左键不放，即可绘制出一个一行一列的表格。

3 松开鼠标，再根据自己的需要为表格添加其他的行和列。

4 绘制的表格若不是均匀分布，可切换到【布局】选项卡，单击【单元格大小】组中的【分布行】按钮 和【分布列】按钮 ，即可平均分布各行各列。

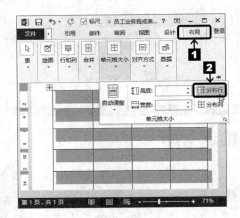

5 调整后效果如图所示。

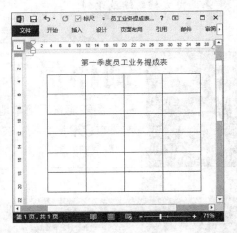

6 绘制完成后即可在其中输入内容，这里在表格中输入公司第一季度员工工作业务提成记录。

第一季度员工业务提成表

	张晓伟	张璐璐	王杰	朱文文	总计
一月	2200	2645	2350	2098	
二月	2460	2450	2764	2575	
三月	1960	2095	1862	1976	
四月	2687	2630	2469	2320	
总计					

提示

用户还可以单击【单元格大小】组中的 按钮，在下拉列表中选择合适的选项，其中【根据内容自动调整表格】选项表示各个单元格根据内容的多少自动调整行高和列宽，【根据窗口自动调整表格】选项表示单元格根据页面的大小来自动调整单元格的行高和列宽。

2. 使用公式

在处理表格中的数据时，常常会遇到需要计算的情况，这时在表格中运用公式既可以迅速地得到计算结果，又可以避免人工运算出现的错误。在Word 2013中运用公式的具体步骤如下。

1 打开文档，将光标定位在需要运用公式的单元格内，切换到【布局】选项卡，在【数据】组中单击 fx 公式 按钮。

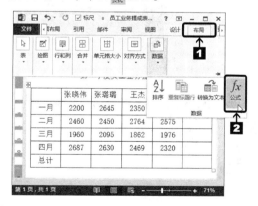

2 弹出【公式】对话框，在【公式】文本框中输入要运用的公式，这里以求和为例输入【SUM（LEFT）】，在【编号格式】下拉列表中选择合适的格式，单击 确定 按钮。

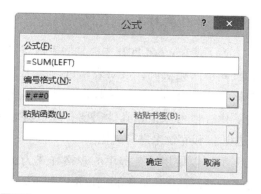

3 返回文档即可看到插入的公式计算的结果了。

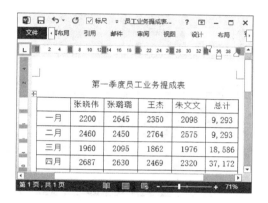

提示

利用SUM求和时应注意括号里面的选项是否正确，其中【ABOVE】表示对单元格上方的数据进行求和；【LEFT】表示对单元格左侧的数据进行求和；【BELOW】表示对单元格下方的数据进行求和；【RIGHT】表示对单元格右侧的数据进行求和；【ABOVE,BELOW】表示对单元格上方和下方的数据进行求和；【LEFT,RIGHT】表示对单元格左侧和右侧的数据进行求和。

3. 美化表格

为了使在Word 2013中添加的表格与文档的整体格式相协调，可对表格进行美化。对表格的美化可以使用系统提供的表格格式进行美化，也可以根据具体需要，通过为表格添加边框和底纹来进行美化。

下面以使用系统提供的表格样式为例来对表格进行美化，具体的操作步骤如下。

1 打开文档，单击表格左上角的"⊞"图标选中整个表格。

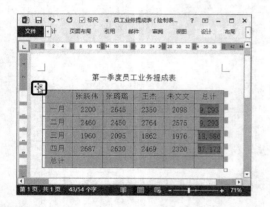

2 切换到【设计】选项卡，单击【表格样式】组中【表格样式】列表框右侧的【其他】按钮，在下拉列表中选择合适的表格样式，这里选择【网格表5深色−着色5】选项。

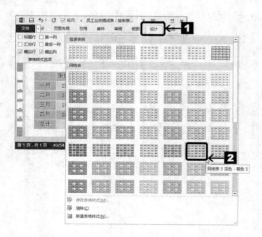

3 返回文档即可看到为表格添加的样式。

4 用户还可以根据自己的实际需要为表格更改底纹或边框。选中需要更改底纹的单元格，切换到【设计】选项卡，单击【表格样式】组中【底纹填充】下拉按钮，在下拉列表中选择合适的填充颜色即可。

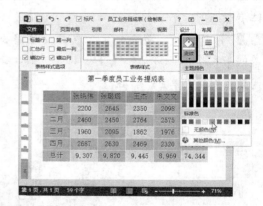

5 填空后效果如图所示。

5.5.2 制作员工业务提成图表

在Word 2013文档中用户不仅可以添加表格，还可以插入并编辑Excel图表，使用户在Word 2013中对数据的处理更加方便快捷。

本小节原始文件和最终效果所在位置如下。

	原始文件	原始文件\第5章\员工业务提成图表.docx
	最终效果	最终效果\第5章\员工业务提成图表.docx

1. 生成图表

在Word 2013文档中插入Excel图表的具体步骤如下。

1 打开本实例的原始文件，将光标定位在要插入图表的位置，切换到【插入】选项卡，单击【插图】组中的【图表】按钮 图表。

2 随即弹出【插入图表】对话框，在对话框中选择合适的图表类型，这里选择【折线图】➤【折线图】选项，单击 确定 按钮。

3 随即在Word文档中插入一个折线图，并打开一个名为"Microsoft Word中的图表"Excel工作簿。

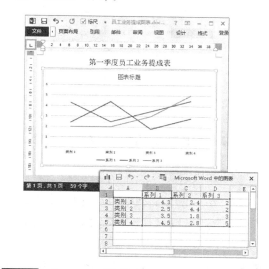

4 将Excel工作簿中的数据删除，并在工作簿中输入要创建图表的有关数据，这里输入"第一季度员工业务提成表"的有关数据，此时，Word文档中图表的内容也随着变化，输入完成后关闭Excel工作簿即可。

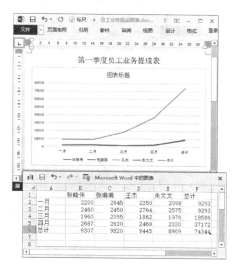

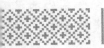
5 编辑数据。如要对图表中的数据进行重新编辑，则首先要选择图表，切换到【设计】选项卡，单击【数据】组中的【编辑数据】按钮，即可将Excel工作簿重新打开并对其进行数据的编辑。

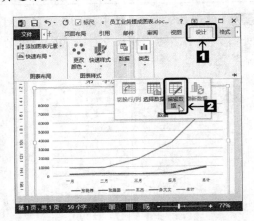

2. 美化图表

在Word 2013文档中插入图表后，如对图表不满意还可以对其进行编辑美化，美化图表的具体步骤如下。

1 选中图表，切换到【设计】选项卡，单击【图表样式】组中的【快速样式】按钮，在弹出的下拉列表中选择合适的样式，这里选择【样式2】选项。

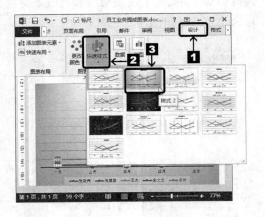

2 返回文档即可将图表的样式替换为【样式2】的格式，效果如下图所示。

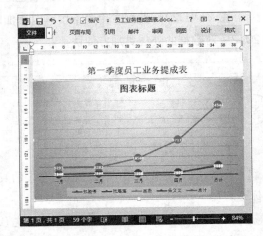

3 选中图表，切换到【设计】选项卡，单击【图表布局】组中的【快速布局】按钮，在弹出的下拉列表中选择合适的布局样式，这里选择【布局5】选项，返回文档即可看到设置的图表的布局样式。

高手过招

取消自动生成序号

Word文档的自动编号功能就是在你每次换行时，系统自动地为新段落添加编号，但是有时不需要添加编号，这时自动生成序号就会给我们编辑文档带来一些不必要的麻烦，在Word 2013文档中利用功能区取消自动生成序号的具体步骤如下。

1 文档中单击 文件 按钮，在下拉菜单中选择【选项】菜单项。

2 弹出【Word选项】对话框，在左侧的窗格中选择【校对】选项卡，在右侧窗格中单击【自动更正选项】组合框中的 自动更正选项(A)... 按钮。

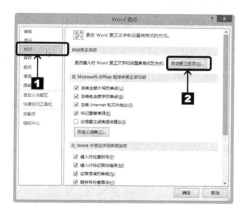

3 在弹出的【自动更正】对话框中选择【键入时自动套用格式】选项卡，取消勾选【自动编号列表】复选框，单击 确定 按钮，即可将自动标号功能取消。

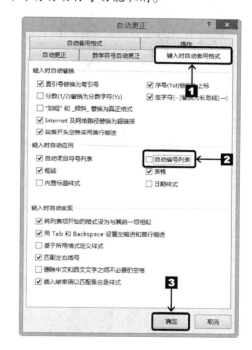

为文档添加文字水印

1 在文档中切换到【设计】选项卡，单击【页面背景】组中的 水印 ▾ 按钮，在弹出的下拉列表中选择【自定义水印】选项。

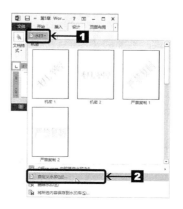

2 随即弹出【水印】对话框，在对话框中选中【文字水印】单选按钮，在【语言（国家/地区）】下拉列表中选择【中文（中国）】选项，在【文字】下拉列表中选择【禁止复制】选项，设置好字体的格式，单击 应用(A) 按钮，然后关闭【水印】对话框。

3 返回文档即可看到为文档设置的文字水印效果。

第6章

Word 2013高级应用

Word 2013除了具有强大的文字处理与图表编排功能外，还能通过对文档进行相关的排版设计，不同版式满足不同专业水准用户对文档的不同要求。

关于本章的知识，本书配套教学光盘中有相关的多媒体教学视频，请读者参见光盘中的【Office软件办公\Word 2013高级应用】。

6.1 考勤工作流程

考勤是企业对员工进行管理的基础，是企业发放工资、奖金的重要依据，考勤管理流程设计的好坏将直接影响到考勤工作能否正常进行。

本小节原始文件和最终效果所在位置如下。

原始文件	无
最终效果	最终效果\第6章\考勤工作流程.docx

6.1.1 设计流程图标题

标题是考勤管理流程图的第一部分，在设计考勤管理流程图之前首先要设置流程图的标题。

设计流程图标题的具体步骤如下。

1 新建一个空白的Word文档，保存并命名为"考勤工作流程"。在文档的开头输入文字"考勤工作流程图"作为流程图的标题。

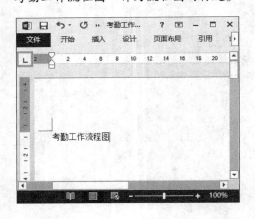

2 选中输入的文本，设置字体的格式为【华文新魏】、【二号】、【居中】。

6.1.2 绘制流程图

用户可以根据自己的需要利用【插入】选项卡中【插图】组的【形状】来绘制流程图。

1．绘制基本图形

流程图是由许多基本图形和连接符组合形成的，在绘制流程图之前首先要绘制一些基本的图形。

绘制基本图形的具体步骤如下。

1 打开文档，切换到【插入】选项卡，单击【插图】组中的【形状】按钮，在下拉列表中选择【新建绘图画布】选项。如不使用画布进行绘制，将导致插入的图形之间不能使用连接符进行连接。

2 返回文档即可将画布插入文档中。

3 选中画布，切换到【插入】选项卡，单击【插图】组中的【形状】按钮，在弹出的下拉列表中选择【流程图】➤【流程图：准备】选项。

4 返回文档，在画布中绘制出一个"准备"图形。

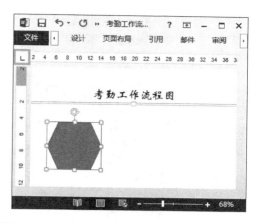

5 按照上面介绍的方法将其他图形插入到画布中，调整好图形的位置，效果如下图所示。

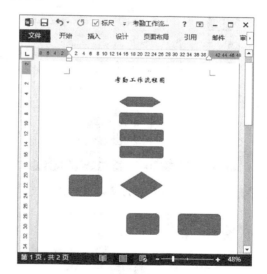

2. 添加文字

1 选中第一个图形，单击鼠标右键，在弹出的快捷菜单中选择【添加文字】菜单项。

■ **2** 此时，图形处于编辑状态，在图形上输入文字"开始"。

■ **3** 按照上面的方法为其他图形添加文字。

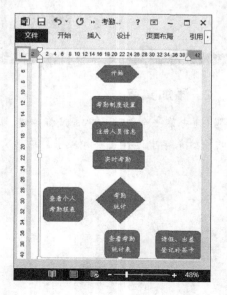

■ **4** 设置字体的格式。选中"开始"，设置为【楷体】、【二号】、【白色】、【居中】。

■ **5** 按照上面的方法分别设置其他图形上的字体。

3. 绘制箭头

■ **1** 切换到【插入】选项卡，单击【插图】组中的【形状】按钮，在下拉列表中选择【线条】选项中的【箭头】选项。

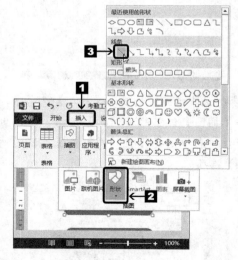

■ **2** 将指针移向（不要选中）"开始"图形，这时图形的四周出现四个红色的控制点，在其中一个控制点单击鼠标。

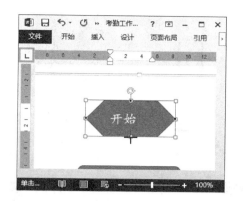

3 按住鼠标左键不放，将鼠标指针移向"考勤制度设置"图形，当"考勤制度设置"图形四周出现四个红色的控制点时，在其中一个控制点释放鼠标即可将两个图形连接起来。

4 按照上面介绍的方法将其他图形连接起来，效果如下图所示。

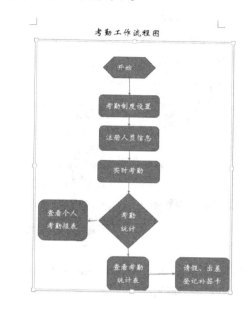

6.1.3 美化流程图

流程图绘制完成后可对其进行美化，设置流程图的填充效果、线条、阴影样式、三维效果样式等格式，以增加流程图的美观和视觉效果。

1. 设置基本图形样式

设置流程图基本图形样式的具体步骤如下。

1 选中"开始"图形，切换到【格式】选项卡，单击【形状样式】组中的【其他】按钮，在弹出的下拉列表中选择【中等效果－橙色，强调颜色2】选项。

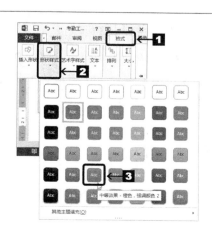

2 选中设置了格式的"开始"图形，单击【形状样式】组中的按钮形状填充▼，在下拉列表中选择【橙色】选项。

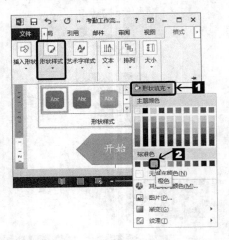

3 按照上面的方法将其他图形的样式设置好，效果如下图所示。

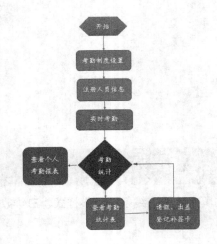

2. 设置连接符样式

1 选中插入的连接符，单击【形状样式】组中的【其他】按钮，在弹出的下拉列表中选择【粗线–深色1】选项。

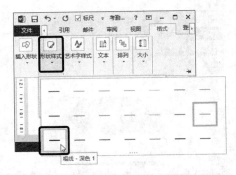

2 将所有的连接符格式设置好，效果如下图所示。

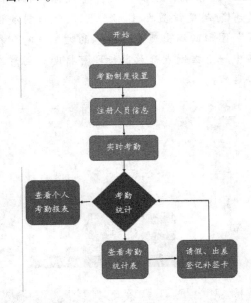

3. 添加说明信息

对于一些较为复杂的流程图，要对流程图进行详细的说明，这就要为流程图添加必要的说明性信息，为流程图添加说明信息的具体步骤如下。

1 打开文档，切换到【插入】选项卡，单击文档【文本】组中的【文本框】按钮，在弹出的下拉列表中选择【简单文本框】选项。

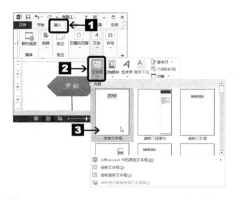

2 随即在文档中插入一个空白文本档。

3 在文本框中输入文本"统计不对",并设置文本框的格式为【无填充颜色】、【无轮廓】。

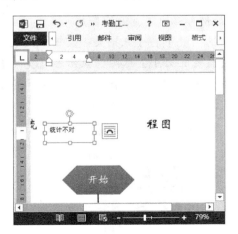

4 选中插入文档,在【格式】选项卡中单击【排列】按钮在下拉列表中单击【位置】按钮,在下拉列表中选择【其他布局选项】。

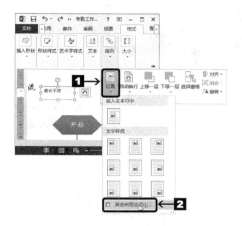

5 随即弹出对话框切换到【文字环绕】选项卡,单击【浮于文字上方】选项单击 确定 按钮。

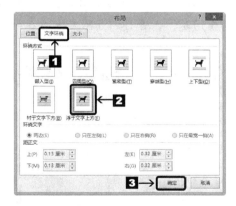

6 返回文档中调整好文字的位置,设置好文本框文字的字体格式为【轮廓无,强调文字颜色2】,其他设置保持默认设置不变,效果如下图所示。

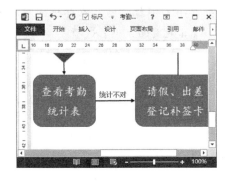

6.2 设计调查问卷

企业开发人员为了了解新上市产品的销售情况和消费者对产品的欢迎程度，通常需要进行市场调查，根据市场情况来改进产品，以达到最好的业绩。

本小节原始文件和最终效果所在位置如下。	
原始文件	无
最终效果	最终效果\第6章\调查问卷.docx

6.2.1 设置纸张

一次好的市场调查能真正反映出市场上该产品的实际情况，因此设计好一份好的调查问卷就十分重要了。在正式设计调查问卷的内容之前首先要对调查问卷的纸张进行设置。

对调查问卷纸张设置的具体步骤如下。

1 新建一个空白的Word文档，重命名为"调查问卷"，并将调查问卷保存在合适的位置。

2 打开本实例的原始文件，切换到【页面布局】选项卡，单击【页面背景】组中的【纸张大小】下拉按钮，在弹出的下拉列表中选择【其他页面大小】选项。

3 随即弹出【页面设置】对话框，在【纸张】选项卡中的【纸张大小】下拉列表中选择【自定义大小】选项，然后在【宽度】微调框中输入"22"，在【高度】微调框中输入"30"，单击 确定 按钮。

6.2.2　输入问卷标题和开场白

市场调查能真正地反映出市场上该产品的实际情况，设计一份好的市场调查问卷是非常重要的环节，所以在正式设计调查问卷的内容之前首先要对调查问卷开场白进行设计。

调查问卷的标题和开场白具体步骤如下。

1 打开设置好纸张大小的空白文档，在文档的开头输入调查问卷的标题和调查问卷的开场白。

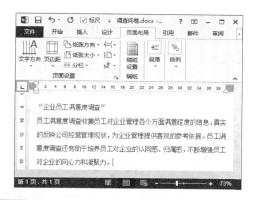

2 选中标题，将其格式设置为【楷体】、【小二】、【深红】，设置效果如图所示。

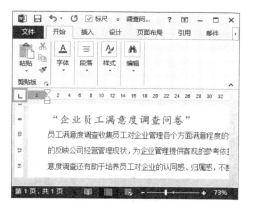

3 选中调查问卷的开场白段落，设置其段落格式为【首行缩进】、【2字符】。

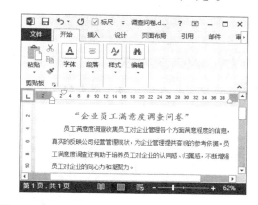

4 将开场白段落的文字的字体格式设置为【华文中宋】、【小四】，设置效果如下图所示。

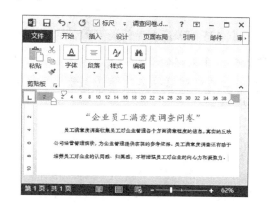

6.2.3　插入表格并输入资料信息

在调查问卷中插入表格，能使调查问题清晰明确，既能方便被调查者输入相应的信息，又可以为调查者整理问卷信息提供方便。

给调查问卷插入表格的具体步骤如下。

1 在文档中插入一个4行3列的表格。

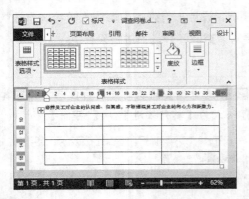

2 选中整个表格，为表格添加合适的边框和底纹，效果如图所示。

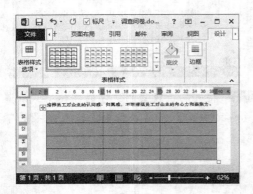

3 选中表格的最后一行，单击鼠标右键，在弹出的快键菜单中选择【合并单元格】菜单项。

4 返回文档即可看到合并单元格的效果。

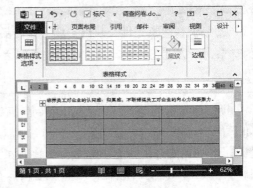

5 按照上面的方法将其他需要合并的单元格合并完成。

6 在合并完成的单元格内输入表格的内容。

7 在表格的下方空出一行，再插入一个8行2列的表格。

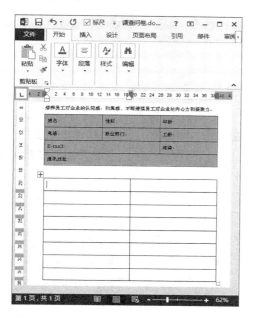

8 设置第2个表格的边框和底纹的格式与第1个相同，调整好表格的行高和列宽，并在表格中输入有关的内容。

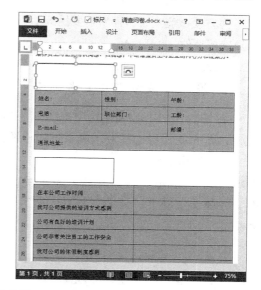

9 在第1个表格的上方空出一行，然后在两个表格的上方分别插入一个横排文本框。

10 设置两个文本框的格式为【无填充颜色】、【无轮廓】，在文本框中分别输入"员工基本信息""调查问卷"，设置好文字的字体样式。

6.2.4 使用选项按钮和复选框控件

为方便被调查者选择所需要的选项，方便调查者统计数据，就要在调查问卷中使用选项按钮和复选框控件。

1. 调出【开发工具】选项卡

要在Word 2013中使用选项按钮和复选框控件，首先就要将【开发工具】选项卡调出来，具体操作步骤如下。

1 在功能区任意位置单击鼠标右键，在弹出的快捷菜单中选择【自定义功能区】菜单项。

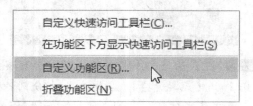

2 弹出【Word选项】对话框，在【主选项卡】列表框中将【开发工具】复选框选中，单击 确定 按钮

3 返回文档即可看【开发工具】选项卡。

2. 添加选项按钮和复选框控件

1 在文档中切换到【开发工具】选项卡，单击【控件】组中的【旧式窗体】按钮，在弹出的下拉列表中选择【选项按钮（ActiveX控件）】选项。

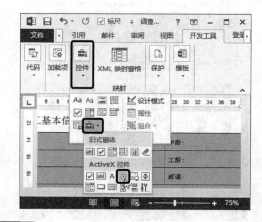

2 即可在文档中插入一个名为"Option Button1"的选项控件按钮。

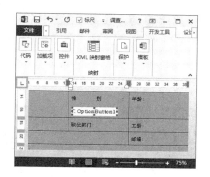

3 选中选项控件按钮，单击鼠标右键，在弹出的快捷菜单中选择【属性】菜单项。

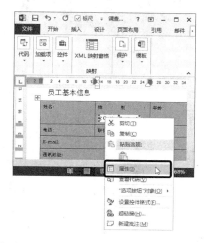

4 弹出【属性】对话框，切换到【按字母序】选项卡，选择【Caption】选项，在其右侧文本框中输入"男"，选择【BackColor】选项，在其下拉列表中选择与表格底纹相同的颜色，选择【Value】选项，在其右侧文本框中输入"True"，关闭【属性】对话框。

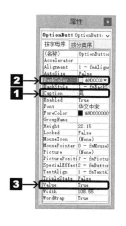

5 返回文档，选中选项控件，单击鼠标右键，在弹出的快捷菜单中选择【设置控件格式】菜单项。

6 随即弹出【设置对象格式】对话框，切换到【版式】在对话框中设置控件的环绕方式为【浮于文字上方】。

7 按照上面的方法在文本框中插入一个复选框（ActiveX）控件。

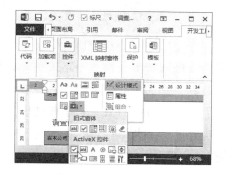

8 随即在文档中插入一个名为"Check Box1"的复选框控件。

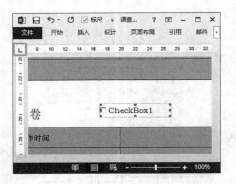

9 设置控件的格式与第1个控件的格式相同，并调整好控件的大小和位置。

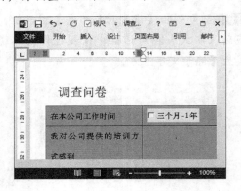

10 按照上面的方法将调查问卷中的其他控件插入到文档中，调整好控件的大小和位置。

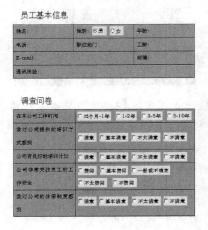

提示

用户在【属性】对话框中，可以根据自己的实际需要来对控件的格式进行设置，选中【Font】选项，可对控件的字体进行设置；选中【ForeColor】选项，可对控件的字体颜色进行设置。

高手过招

重设图片

在Word 2013中插入图片后，系统默认的格式是【嵌入型】，在这种格式下，只能调整图片的大小而不能改变图片的位置，用户如果要改变图片的位置，就要改变图片的文字环绕方式，具体步骤如下。

1 选中图片，单击鼠标右键，在弹出的快捷菜单中选择【大小和位置】选项。

2 随即弹出【布局】对话框，在对话框中选择【环绕方式】组合框中的【浮于文字上方】选项，然后单击 确定 按钮。

3 返回文档选中图片，按住鼠标左键不放即可对图片进行位置的调整。

为图形设置三维效果

1 选中图形，切换到【格式】选项卡，单击【形状样式】组中 形状效果 按钮，在下拉列表中选择【三维旋转】▶【平行】选项中的【等轴左下】选项。

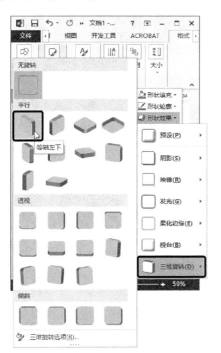

2 返回文档中即可将图形设置成等轴左下的三维旋转效果。

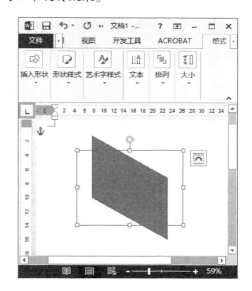

3 用户还可以在【形状效果】下拉列表中选择【三维旋转】➢【三维旋转选项】选项。

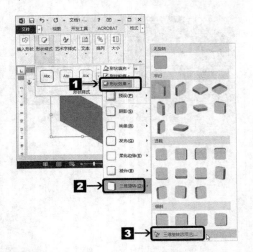

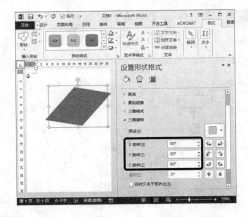

5 返回文档即可看到设置的图形的三维旋转效果。

4 随即弹出【设置形状格式】任务窗格，在对话框左侧选择【三维旋转】选项，在右侧的【旋转】组合框中的【X旋转（X）】、【Y旋转(Y)】、【Z旋转(Z)】微调框中分别输入合适的数值，这里分别输入"50""30""80"，关闭对话框。

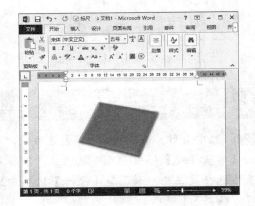

第7章

Excel 2013基础应用

Excel 2013拥有强大的数据处理功能，利用Excel 2013处理数据能大大提高我们数据处理的能力，提高工作效率。在应用Excel 2013之前，首先要了解一些有关Excel 2013的基本知识，包括工作簿和工作表的创建、美化，数据的输入处理，公式函数的应用等。

光盘链接

关于本章的知识，本书配套教学光盘中有相关的多媒体教学视频，请读者参见光盘中的【Office软件办公\Excel 2013基础应用】。

7.1 员工销售统计表

对新进员工销售成绩的统计是关系到公司更好发展的重要环节，只有员工的销售业绩好，公司才能更好地发展。

7.1.1 设计员工销售统计表

员工销售统计表主要由员工编号、姓名、培训科目、评定成绩、名次等组成。

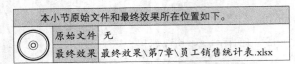

本小节原始文件和最终效果所在位置如下。	
原始文件	无
最终效果	最终效果\第7章\员工销售统计表.xlsx

1. 新建工作簿并重命名工作表

■1 单击【开始】按钮 ■，在弹出的【开始】菜单下方单击下箭头按钮 ⊙。

■2 在弹出的【应用程序】列表中选择【Excel 2013】菜单项。

■3 随即弹出Excel 2013界面，在界面中用鼠标单击【空白工作簿】即可打开。

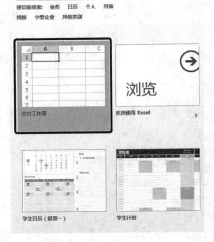

■4 即可创建一个名为"工作簿1"的空白Excel 2013工作簿，并将工作簿打开。

5 在工作表Sheet1标签上单击鼠标右键，在弹出的快捷菜单中选择【重命名】菜单项。

6 这时工作表标签处于编辑状态，输入工作表的新名称"员工销售统计表"，按【Enter】键确认。

7 关闭新建的Excel工作簿，并将工作簿以"员工销售统计表"为名保存在合适的位置。

2. 输入列标题和表格内容

在Excel 2013工作簿中输入列标题和表格内容的具体步骤如下。

1 在打开的"员工销售统计表"工作簿中，在A1单元格内输入"员工销售统计表"，然后再依次输入其他列标题。

2 在相应的列标题下输入姓名、销售业绩和团队业绩等。

3 在A4单元格内输入员工编号"01"，按下【Enter】键，选中A4单元格，将鼠标指针指向该单元格的右下角，当指针变成十形状时，按住鼠标左键不放向下拖动至A11单元格。

4 释放鼠标即可将员工编号自动填充完成，这时单元格的左上角会出现绿色的小三角"▣"，这是由于单元格中的数字是文本格式，或是前面有撇号。选中"A4:A12"单元格区域，此时单元格A4的旁边会出现【智能标记】按钮，单击【智能标记】按钮，在弹出的下拉列表中选择【忽略错误】选项，即可将小三角形取消。

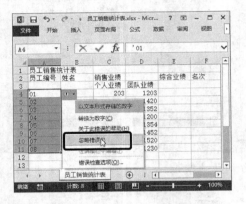

5 返回文档中即可看到小三角形已消失。

3. 合并单元格

1 在打开的"员工销售统计表"工作簿中，选中"A1:F1"单元格区域，切换到【开始】选项卡，单击【对齐方式】组中的【合并后居中】按钮 合并后居中，右侧的下拉按钮 ▾。

2 在弹出的下拉列表中选择【合并后居中】选项，即可将选中的内容合并居中显示了，按照以上方法设置其他需要合并居中显示的单元格。

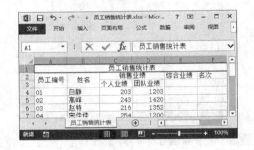

提示

在表格中以文本形式输入"'01"，注意要在英文输入形式下输入撇号。这时单元格的左上角会出现绿色的小三角。

提示

若选择【合并单元格】选项，则只是将选中的单元格合并；若选择【跨越合并】选项，则可将选中的单元格合并到一个大的单元格中；若选择【取消单元格合并】选项，则可将选中的已经合并完成的单元格取消合并。

4. 设置边框和背景色

◎ 设置边框

Excel工作簿中，工作表默认显示的表格线是灰色的，打印后不显示，为使打印出来的表格美观，需要对表格的边框进行相应的设置，具体步骤如下。

1 首先设置表格边框。选中需要设置边框的"A2:F11"单元格区域，切换到在【开始】选项卡，单击【字体】组中的【边框】按钮 右侧的下拉按钮，在其下拉列表中选择合适的边框样式，这里选择【所有框线】选项。

2 返回工作表，即可为单元格添加边框。

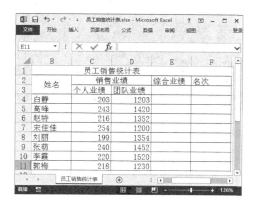

◎ 设置背景色

在Excel 2013中系统提供了3种表格背景色的设置效果：纯色填充、彩色网纹填充和渐变颜色填充。

1 设置纯色背景色填充。选中需要设置背景色的"A1:F1"单元格区域，单击【开始】选项卡【字体】组中的【填充颜色】按钮，在其下拉列表中选择合适的颜色，这里选择【蓝色，着色1，淡色40%】选项。

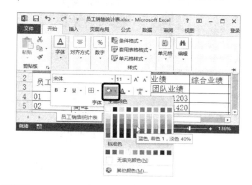

2 设置彩色网纹填充，选中需要填充的"A2:F3"单元格区域，单击鼠标右键，在弹出的快捷菜单中选择【设置单元格格式】菜单项。

3 弹出【设置单元格格式】对话框，切换到【填充】选项卡，在【图案样式】下拉列表中选择一种合适的网纹图案样式，在【图案颜色】下拉列表中选择一种合适的网纹颜色，单击 确定 按钮即可，这里图案样式选择【25%灰色】，图案形状选择【绿色，着色6，深色25%】。

4 返回工作表中即可看到添加的图案。

5 设置渐变颜色填充。选中设置背景色的"A4:F11"单元格区域，在【设置单元格格式】对话框的【填充】选项卡中，单击 填充效果(I)... 按钮，弹出【填充效果】对话框，在对话框中对表格背景的渐变颜色进行设置，单击 确定 按钮即可。

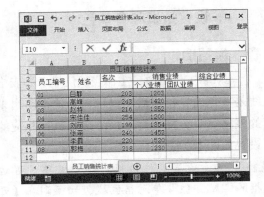

5. 设置字体格式

1 设置字体。选中需要进行字体设置的A1单元格，切换到【开始】选项卡，单击【字体】组中【字体】列表框，在弹出的下拉列表中选择需要的字体，这里选择【华文行楷】选项，即可为A1单元格设置字体。

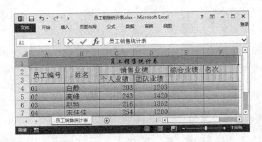

2 设置字号。选中A1单元格，单击【字体】组中的【字号】列表框，在下拉列表中选择合适的字号，这里选择【18】选项，返回工作表即可为单元格设置字号。

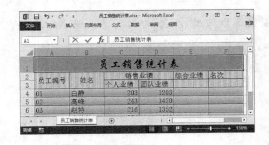

3 按照上面的方法将其他单元格的字体格式设置好，调整好单元格的行高和列宽，效果如下图所示。

6. 冻结行和列

在编辑Excel 2013文档过程中，如果文档的记录太多不便查看，可冻结行或列以保持其固定的位置，便于查看文档，冻结行或列的具体步骤如下。

1 冻结首行。切换到【视图】选项卡，单击【窗口】组中的 冻结窗格▾ 按钮，在其下拉列表中选择【冻结首行】选项。

2 随即将表格的首行冻结，这时在首行的下面会出现一条黑色的直线，向下拖动表格则首行会一直在表格中显示。

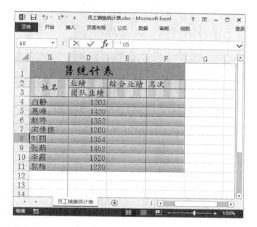

3 冻结首列。在【视图】选项卡【窗口】组中单击 冻结窗格▾ 按钮，在下拉列表中选择【冻结首列】选项，即可将表格的首列冻结，在首列的右侧会出现一条黑色的直线，向右拖动表格，首列一直在表格中显示。

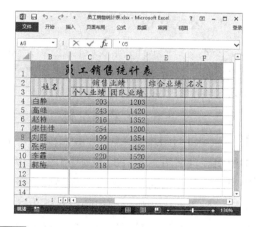

4 冻结窗格。将需要冻结的行和列交叉处右下方的单元格选中，单击 冻结窗格▾ 按钮，在下拉列表中选择【冻结拆分窗格】选项，即可将选中单元格上方的所有行和单元格左侧的所有列全部冻结。

5 若要解冻窗格，则只需单击【视图】选项卡【窗口】组中的按钮 冻结窗格▾ ，在下拉列表中选择【取消冻结窗格】选项即可将冻结的窗格解冻。

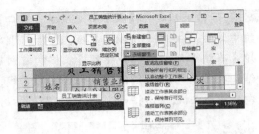

7. 保存工作簿

对Excel 2013文档的保存与Word 2013文档保存的一样，既可以采用自动保存的方式，也可以选择手动保存的方式，具体的操作步骤可参照前面所讲的Word 2013文档的保存方法，这里就不再赘述。

7.1.2 计算公司员工销售统计表

Excel 2013为用户提供了十分强大的计算功能，用户可以根据自己的需要运用公式和函数来实现对数据的计算和分析，提高自己的Excel应用水平。

公式是对数据进行分析与运算的等式。函数是对公式的概括，是Excel中预先设定好的特殊公式，在Excel 2013中共包含有13种函数：财务、日期与时间、数学与三角函数、统计、查找与引用、数据库、文本、逻辑、信息、Web、工程、多维数据集和兼容性函数等。在表格中输入函数的方法有很多，可以手动输入，也可以使用函数向导输入。

1. 公式常识

公式是对Excel工作表进行运算的一种表达式，是一个等式。使用公式时必须以"="开头，后面由一组数据和运算符组成。

在公式应用中必然会遇到单元格的引用，单元格的引用分为3种：相对引用、绝对引用和混合引用。相对引用是基于公式和单元格引用的单元格的相对位置，如果公式所在的单元格位置发生变化，引用的单元格也随之发生变化，相对引用时直接输入单元格的位置名称，例如A1。绝对引用是指引用的位置是绝对的，总是在固定位置引用，如果公式所在的单元格发生变换，绝对引用的单元格位置保持不变，在引用单元格的同时添加"$"符号，例如$A$3。混合引用是指相对引用和绝对引用混合使用，例如A$2或者$A2。

在公式中还可能会引用其他工作表中的单元格区域，这时只要在引用过程中添加工作表标签名称即可。例如要在工作表Sheet 1中引用工作表Sheet 2中的"A1:B5"单元格区域，则可输入公式"=SUM（Sheet2!A1:B5）"，然后按【Enter】键即可。

2. 计算员工总销售和平均销售

本小节原始文件和最终效果所在位置如下。	
原始文件	原始文件\第7章\总销售和平均销售.xlsx
最终效果	最终效果\第7章\总销售和平均销售.xlsx

下面以为"员工销售统计表"计算平均销售、总销售为例，具体的步骤如下。

1 打开本实例的原始文件，首先添加平均成绩列，选中F列，单击鼠标右键，在弹出的快捷菜单中选择【插入】菜单项，即可在F列的左侧插入新的一列，并输入列标题"平均业绩"，分别将"平均业绩""综合评定销售""名次"单元格合并居中。

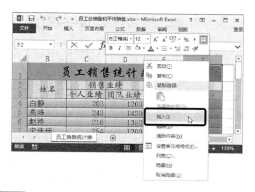

2 设置完如图所示。

3 将光标定位在E4单元格内，单击【公式】组中的【求和】按钮 $\sum$ 自动求和 $\cdot$ 右侧的下拉按钮 $\cdot$ ，在下拉列表中选择【平均值】选项。

4 这时在表格中"C4:D4"单元格区域自动被闪烁的虚线框选中，按【Enter】键，即可在E4单元格中看到计算的平均值。

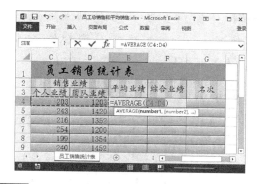

5 选中E4单元格，将鼠标指针移向E4单元格右下角，当鼠标指针变成 $+$ 形状时，按下鼠标左键不放，拖至E11单元格，将公式复制到E11单元格。

6 释放鼠标，系统会自动将下面单元格中的平均值求出。

7 计算总成绩，选中F4单元格，将光标定位在编辑栏中，然后输入公式"=SUM(C4:D4)"。

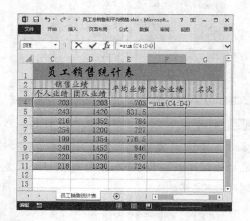

8 输入完成后，按【Enter】键，即可求出计算结果。

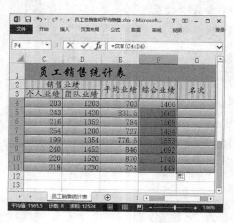

9 选中F4单元格，将余下的单元格按照上面介绍的方法进行自动填充。

3. 为员工销售成绩排名次

将员工的销售成绩计算完成后，就要对成绩进行排名了，排名就要用到RANK函数了，在使用RANK函数之前先了解一下有关RANK函数的有关知识。

格式：RANK(number,ref,roder)

参数：number为必需，为要排位的数据；ref为必需，为引用的数据列表组；roder为可选择，为数字排位方式。

对于这一类不是很熟悉的函数可采用函数向导来进行计算。

1 选中G4单元格，单击【开始】选项卡【编辑】组的【求和】按钮∑自动求和▼右侧的下拉按钮▼，在下拉列表中选择【其他函数】选项。

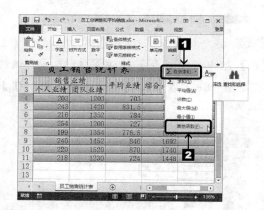

2 弹出【插入函数】对话框，在【选择函数】列表框中选择"RANK"函数选项，单击 确定 按钮。

3 随即弹出【函数参数】对话框，单击
【函数参数】对话框中【Number】文本框右
侧的【折叠】按钮 。

4 在表格中选择需要排名的数据所在的单
元格，这里选择F4，单击【函数参数】对话
框的【展开】按钮 。

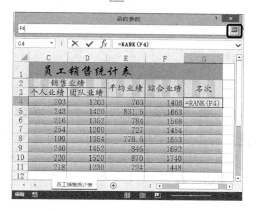

5 返回【函数参数】对话框，单击
【Ref】文本框右侧的【折叠】按钮 ，在表
格中选择用于排名的数据列表，因这里是对
"F4:F11"中的数据进行排名，引用单元格的
位置没有发生变化，所以选择绝对引用。

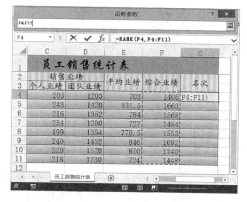

6 将 "F4:F11" 修改为 "$F$4:$F$11" 格
式，单击 确定 按钮。

7 即可看到计算的排名结果，利用自动填
充将下面单元格的排名填充完成。

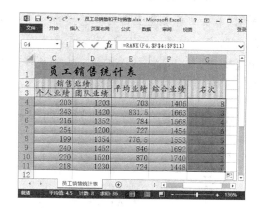

7.1.3 建立公司员工销售成绩查询表

为方便对员工销售成绩进行查询，在员工销售成绩创建完成后，还要建立员工销售成绩查询界面。

	本小节原始文件和最终效果所在位置如下。
原始文件	原始文件\第7章\查询销售成绩表.xlsx
最终效果	最终效果\第7章\查询销售成绩表.xlsx

1. 创建员工查询销售成绩表

在创建员工销售成绩查询表界面之前首先要建立查询员工销售成绩表，具体步骤如下。

1 打开本实例的原始文件，将工作表"Sheet2"重命名为"查询员工销售成绩表"。

2 单击工作表左上角的全选按钮 ，选中整个表格，单击【开始】选项卡【字体】组中【填充】按钮 ，在下拉列表中选择【白色，背景1】选项，将工作表填充成白色。

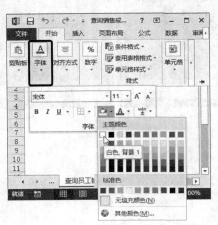

3 在C1单元格中输入"员工销售成绩查询"，将字体设置为【华文楷体】，字号设置为【20】，字体颜色设置为【蓝色】，然后选中"C1:F1"单元格区域，将其合并居中。

4 在工作表中输入要查询的项目，对其进行相应的格式设置，这里为其添加全边框，其他保持默认不变。

2. 插入行并移动查询项目

1 选中第5行，单击鼠标右键，在弹出的快捷菜单中选择【插入】选项，随即在弹出的【插入】对话框中选择【整行】选项，单击 确定 按钮，即可在工作表中插入一整行。

2 选中刚插入的行，将表格的边框设置为图示的效果。

3. 使用公式或函数查询成绩

在对"员工销售成绩查询"表编辑的过程中会用到IF函数、AND函数和VLOOKUP函数，下面就简单介绍一下这几个函数的用法。

（1）IF函数

IF函数用来根据指定条件逻辑判断的真假结果，返回不同的内容。

格式：IF(logical_test,value_if_true, value_if_false)

参数：logical_test是必需的，表示逻辑判断的表达式；value_if_true可选择，表示当logical_test的计算结果为"真"时返回的值，如果忽略则返回"0"；value_if_false可选择，表示当logical_test的计算结果为"假"时返回的值，如果忽略则返回"FALSE"。

（2）AND函数

AND函数用于检验其他函数的效用，当计算的所有参数的结果都为"真"时，返回"TRUE"，只要有一个参数的结果为"假"时，返回"FALSE"。

格式：AND(logical1,logical2,...)

参数：logical1是必需的，用于检测的第一个条件；logical2,...可选择，用于检测的其他条件，最多可为255个。

（3）VLOOKUP函数

VLOOKUP函数用来搜索某单元格区域的第一列，然后返回该区域相同行上任何单元格中的值。例如，在下图中"A2:G11"单元格区域中包含员工编号列表，如果知道员工的编号即可应用VLOOKUP函数返回员工姓名或性别及销售量等数据。例如想知道编号"05"的员工的销售量，可使用公式"=VLOOKUP(05,A2:G11,3,FALSE)"进行查询，此公式将搜索"A2:G11"区域内第一列中的值为"03"的行，然后返回该区域同一行中第三列包含的值作为查询值（"216"）。

■ 1 在E2单元格中输入"'01"，然后选中E5单元格，输入公式"=IF(AND($E$2="",$E$3=""),"",

IF(AND(NOT($E$2="",),$E$3),VLOOKUP($E$2,员工销售成绩统计表! $A$4:$G$11,3),IF(NOT($E$3=""),VLOOKUP($E$3,员工销售成绩统计表! $B$4:$G$11,2))))"，按【Enter】键确认，会出现编号为"01"的员工的理论成绩。

	B	C	D	E	F
		员工销售成绩查询			
1					
2	查询	员工编号	01		
3		姓名			
4					
5	销售业绩	个人业绩	203		
6		团队业绩			
7		平均业绩			
8		总业绩			
9		名次			
10					
11					

■ 2 在"E6:E9"单元格区域内分别输入以下公式。按【Enter】键，就会显示编号为"01"员工的所有信息。

E6=IF(AND($E$2="",$E$3=""),"",IF(AND(NOT($E$2="",),$E$3),VLOOKUP($E$2,员工销售成绩统计表! $A$4:$G$11,4),IF(NOT($E$3=""),VLOOKUP($E$3,员工销售成绩统计表! $B$4:$G$11,3))))

E7=IF(AND($E$2="",$E$3=""),"",IF(AND(NOT($E$2="",),$E$3),VLOOKUP($E$2,员工销售成绩统计表! $A$4:$G$11,5),IF(NOT($E$3=""),VLOOKUP($E$3,员工销售成绩统计表! $B$4:$G$11,4))))

E8=IF(AND($E$2="",$E$3=""),"",IF(AND(NOT($E$2="",),$E$3),VLOOKUP($E$2,员工销售成绩统计表! $A$4:$G$11,6),IF(NOT($E$3=""),VLOOKUP($E$3,员工销售成绩统计表! $B$4:$G$11,5))))

E9=IF(AND($E$2="",$E$3=""),"", IF(AND(NOT($E$2="",),$E$3),VLOOKUP($E$2,员工销售成绩统计表! $A$4:$G$12,7),IF(NOT($E$3=""),VLOOKUP($E$3,员工销售成绩统计表! $B$4:$G$12,6))))

	B	C	D	E	F
		员工销售成绩查询			
1					
2	查询	员工编号	01		
3		姓名			
4					
5	销售业绩	个人业绩	203		
6		团队业绩	1203		
7		平均业绩	703		
8		总业绩	1046		
9		名次	8		
10					
11					

■ 3 用户还可以通过输入员工姓名来查询相关的数据信息，将E2单元格内的数据删除，在E3单元格内输入编号为"01"员工的姓名"白静"，按【Enter】键即可看到有关员工"白静"的各项数据信息。

	B	C	D	E	F
		员工销售成绩查询			
1					
2	查询	员工编号			
3		姓名	白静		
4					
5	销售业绩	个人业绩	203		
6		团队业绩	1203		
7		平均业绩	703		
8		总业绩	1046		
9		名次	8		
10					
11					

■ 4 如果在查询时输入的是表格中没有的数据，例如在E2单元格内输入"15"，按【Enter】键后单元格内会出现"#N/A"，提示输入的数据是错误的。

	B	C	D	E	F
		员工销售成绩查询			
1					
2	查询	员工编号	15		
3		姓名			
4					
5	销售业绩	个人业绩	#N/A		
6		团队业绩	#N/A		
7		平均业绩	#N/A		
8		总业绩	#N/A		
9		名次	#N/A		
10					
11					

7.2 制作员工档案信息表

档案是个人信息的集合，是用人单位了解一个人的重要途径，建立一份管理员工档案的信息表，有助于档案管理工作有序高效地进行。

7.2.1 创建员工档案信息表

要对员工的档案进行管理，首先要创建一份员工档案信息表，档案信息表主要由员工的姓名、性别、出生日期、身份证号、学历、民族、参加工作时间和联系电话等部分组成。

本小节原始文件和最终效果所在位置如下。	
原始文件	无
最终效果	最终效果\第7章\员工档案信息表.xlsx

创建员工档案信息表的具体步骤如下。

1 创建一个空白的Excel 2013文档，并将其以"员工档案信息表"为名保存在适当的位置。

2 打开已经保存好的"员工档案信息表"，在A1单元格中输入表格的标题"员工档案信息表"，在"A2:H2"单元格区域中输入档案信息表的列标题。

3 选中"A1:H1"单元格区域，单击【开始】选项卡【对齐方式】组中的【合并后居中】按钮，将表格标题居中显示。

4 在"A3:H12"单元格区域输入员工的基本信息，然后选中"A2:H12"单元格区域，单击【开始】选项卡【单元格】组中【格式】按钮，在下拉列表中选择【自动调整列宽】选项，将单元格中覆盖的数据全部显示出来。

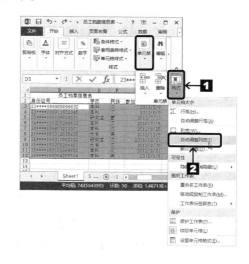

7.2.2 美化员工档案信息表

员工档案信息表创建完成后，还要对其进行一定的美化，才能使表格美观大方、结构清晰。对表格美化主要包括对字体和边框底纹的美化等。

本小节原始文件和最终效果所在位置如下。	
素材文件	素材文件\第7章\01.jpg
原始文件	原始文件\第7章\美化工作表.xlsx
最终效果	最终效果\第7章\美化工作表.xlsx

1. 设置字体格式

对表格字体美化的具体步骤如下。

1 打开本实例的原始文件，选中表格标题所在的单元格区域"A1:H1"，将标题字体设置为【华文楷体】，字号设置为【20】，颜色设置为【红色】，一般情况下，标题的字体要区别于正文的字体，字号要大于正文的字号，颜色要较醒目。

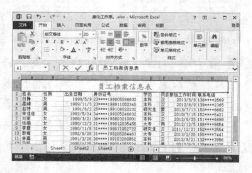

2 对表格的列标题进行设置，选中"A2:H2"单元格区域，将列标题的字体设置为【华文行楷】，字号设置为【12】，字体颜色不变，调整好列宽。一般情况下，正文中列标题的字号要小于表格标题，但要大于正文的字号。

3 选中"A3:H12"单元格区域，将正文的字体设置为【华文宋体】，字号设置为【10】，字体颜色保持默认不变。

2. 设置单元格填充格式

选中整个表格，单击【开始】选项卡【对齐方式】组中的【居中】按钮☰，将整个表格居中显示，单击【开始】选项卡【字体】组中【填充】按钮🖌▾，在下拉列表中选择【蓝色，强调文字颜色1，淡色80%】选项，即可将整个表格填充为淡蓝色。

3. 在单元格中插入背景图片

1 在填充背景下拉列表中单击【无填充颜色】，将工作表中设置的背景色去除，切换到【页面布局】选项卡，单击【页面设置】组中的【背景】按钮🖼背景，弹出【插入图片】对话框。

2 在插入图片中选择【来自文件】，单击
【浏览】，弹出【工作表背景】对话框。

3 在【工作表背景】对话框中，找到要
插入到工作表中的背景图片，单击 插入(S) 按
钮。

4 返回文档，即可将图片作为工作表的背
景插入。

提示

为单元格填充的颜色和作为背景插入的
图片的颜色都不能太深，否则将会影响工作
表中数据的显示和工作表的打印效果。

4. 设置表格边框

1 在设置好背景图片的工作簿中，选中
"A1:H1"单元格区域，单击【开始】选项卡
【字体】组中的【边框】按钮，在下拉列表
中选择【其他边框】选项。

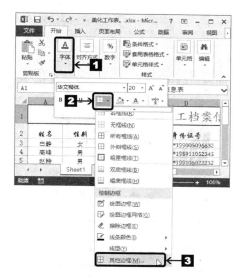

2 弹出【设置单元格格式】对话框，切换
到【边框】选项卡，在【线条】组合框【样
式】列表框中选择合适的线型，在【颜色】
下拉列表中选择合适的线条颜色，在【边
框】窗格中选择需要的边框的位置，即可为
表格添加上边框。

3 为工作表绘制边框。单击【边框】按钮，在【线条颜色】选项中选择合适的颜色，在【线型】选项中选择合适的线型，在下拉列表中选择【绘图边框】选项。

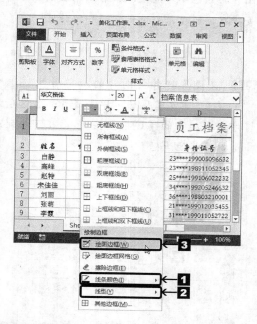

4 当鼠标指针变成"✐"形状时，在工作表中需要添加边框的位置画出边框即可。

5 按照上面的方法将工作表的其他边框设置完成，效果如下图所示。

5. 为员工档案信息表拍照

在Excel 2013中用户不仅可以对表格进行编辑，还可以利用照相机功能对已经编辑好的表格拍照片，当表格中的内容发生变化时，照片上的内容相应地发生变化，这样可以方便用户对多个Excel文档内容进行实时预览。

◎ 照相机功能

在默认设置中，Excel 2013中照相机功能是不显示的，要使用照相机，首先需将照相机调出来，具体步骤是：

1 在Excel工作表中单击 文件 按钮，在下拉菜单中选择【选项】菜单项，弹出【Excel选项】对话框。

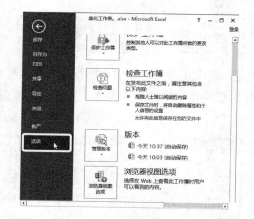

2 在【自定义功能区】下拉列表中选择【主选项卡】选项，在下面的列表框中选择【开发工具】选项，单击 新建组(N) 按钮，即可在【开发工具】中建立一个新的组。

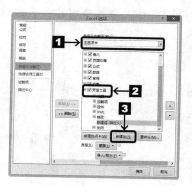

3 单击 重命名(M)... 按钮，弹出【重命名】对话框。在【重命名】对话框中输入"照相机"，单击 确定 按钮，即可为新建立的组重命名为"照相机"。

4 在左侧窗格中选择【自定义功能区】选项，在右侧【自定义功能区】窗格的【从下列位置选择命令】下拉列表中选择【所有命令】选项，在下面的列表框中找到【照相机】选项。单击 添加(A) >> 按钮，即可将【照相机】添加到【开发工具】中。

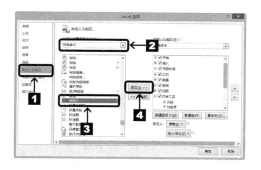

○ 为Excel表格拍照

1 选中要进行拍照的"A1:H12"单元格区域，切换到【开发工具】选项卡，单击【照相机】组中的【照相机】按钮 📷。

2 此时被选中的区域周围出现闪烁的边框，并且鼠标指针变成"╈"形状，这时切换到存放照片的工作表，这里选择Sheet2，在工作表中单击鼠标，即可将先前选中的内容拍成一张照片。这时拍成的照片作为图片的形式存储，在照片的周围有8个控制点，用户可以像编辑照片一样对其进行编辑。

3 切换到Sheet1工作表，将"出生日期"列的内容删除。

4 切换到Sheet2工作表，这时照片中的"出生日期"列也被删除了。

7.2.3 为员工档案表添加页眉和页脚

为Excel 2013工作表添加合适的页眉和页脚，能增加Excel文档的可视性，增加文档的打印效果。

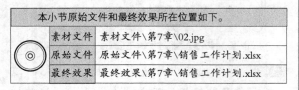

本小节原始文件和最终效果所在位置如下。

素材文件	素材文件\第7章\02.jpg
原始文件	原始文件\第7章\销售工作计划.xlsx
最终效果	最终效果\第7章\销售工作计划.xlsx

1. 在页眉处添加名称和图片

在Excel 2013文档中设置的页眉和页脚不会显示在普通视图中，但是可以被打印出来的，在Excel 2013中用户可以利用Excel提供的页眉样式对工作表的页眉进行设置，也可进行个性化的设置，例如在页眉处添加名称和图片。

在工作表中添加页眉页脚的具体步骤如下。

1 打开本实例的原始文件，切换到【页面布局】选项卡，单击【页面设置】组中的【对话框启动器】按钮，弹出【页面设置】对话框。

2 在【页面设置】对话框中，切换到【页眉/页脚】选项卡，单击 自定义页眉(C)... 按钮，随即弹出【页眉】对话框，在【页眉】对话框中，将光标定位在【左】文本框中，单击【插入图片】按钮 。

3 弹出【插入图片】对话框，在对话框中找到要插入到页眉中的图片，单击【浏览】按钮，选择合适的图片。

4 在弹出的【插入图片】对话框中选择02.jpg，单击 插入(S) 按钮，即可将图片插入页眉中。

5 返回【页眉】对话框，将光标定位在【右】文本框中，输入工作表的标题"员工档案信息表"，单击 确定 按钮。

6 如对插入的图片不满意，可在【页眉】对话框中，单击【设置图片格式】按钮，即可弹出【设置图片格式】对话框，在对话框中对图片的格式进行相应的设置即可。

2. 为页脚添加当前日期和页码

1 按照上面的方法打开【页面设置】对话框，在对话框中，单击 自定义页脚(U)... 按钮，弹出【页脚】对话框，将光标定位在【左】文本框中，单击【插入页码】按钮，即可在页脚的左侧插入页码。

2 将光标定位在【右】文本框中，单击【插入日期】按钮，即可将当前的日期插入到页脚的右侧。单击 确定 按钮，返回【页面设置】对话框。

提示

在【页面设置】对话框中，单击 打印预览(W) 按钮，在弹出的【文件】窗格右侧的【预览】窗格中即可看到为文档设置的页眉和页脚。

7.3 员工加班记录表

因工作需要要求员工加班的，应按照有关法律给予同等时间的补休或支付一定的劳动报酬，因此统计员工的加班时间是公司考勤部门的一项重要的工作。

7.3.1 设计加班记录表框架

员工加班记录表主要由员工编号、姓名、加班日期、加班开始时间、加班结束时间、加班费等部分组成。

本小节原始文件和最终效果所在位置如下。	
原始文件	无
最终效果	最终效果\第7章\员工加班记录表.xlsx

1. 输入基本信息

要对员工加班记录进行编辑，首先要创建一个"员工加班记录"表，并输入员工加班的基本内容。具体的操作步骤如下。

1 首先创建一个空白的Excel工作簿，并以"员工加班记录表"为名保存在合适的位置。打开"员工加班记录表"，将"Sheet1"重命名为"员工加班记录表"。

2 在Sheet1中输入员工加班记录表的标题和各列标题，并设置表格标题合并居中显示，对标题的字体进行相应的设置。

3 输入员工的加班信息，并为表格设置好边框和底纹。

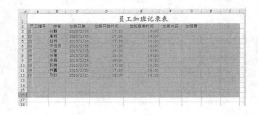

2. 使用自定义序列填充加班内容

用户可以利用自定义填充来快速地为表格填充需要的内容。具体的操作步骤如下。

1 在打开的本实例工作簿中单击 文件 按钮，在下拉列表中选择【选项】菜单项。

2 弹出【Excel选项】对话框，在对话框中选择【高级】选项，在右侧窗格的【常规】组合框中单击 编辑自定义列表(O)... 按钮。

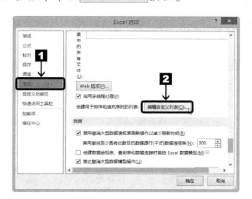

3 随即弹出【自定义序列】对话框，在【输入序列】文本框中输入自定义的序列，这里输入"统计销售、整理资料、做程序、制作报表"，单击 添加(A) 按钮，即可将自定义的序列添加到列表框中。

4 单击 确定 按钮返回工作表，在F3单元格中输入"统计销售"，然后选中F3单元格，当指针变为"✚"形状时按住鼠标向下拖动至F12单元格，完成自定义序列的填充。

3. 添加加班费附注

加班内容的不同所获得的加班费也不同，在统计加班费时应根据不同的标准来计算，在表格中加入加班费附注能更加方便计算加班费。

1 在C14单元格中输入"加班费附注"，在"D14:D17"单元格区域内输入各项工作的加班费标准。

	A	B	C	D	E
10	08	郭梅	2015/2/19	17:30	
11	09	林嘉	2015/2/20	17:30	
12	10	马跃	2015/2/20	18:00	
13					
14			加班费附注:	统计销售20元/小时	
15				整理资料15元/小时	
16				做程序25元/小时	
17				制作报表20元/小时	
18					

2 设置"加班费附注"的字体，一般情况下附注的字体要与正文中的字体有所区别，字号要小于正文字号，这里设置字体为【仿宋】、字号为【10】。

	B	C	D	E
12	马跃	2015/2/20	18:00	
13				
14		加班费附注:	统计销售20元/小时	
15			整理资料15元/小时	
16			做程序25元/小时	
17			制作报表20元/小时	
18				
19				

7.3.2 利用函数计算加班费

加班费要根据员工加班内容和加班时间的时长来计算，利用公式计算员工的加班费不仅可以节省时间，还能避免人工计算产生的错误，在计算加班费的过程中会用到IF函数和HOUR函数。

本小节原始文件和最终效果所在位置如下。

| 原始文件 | 原始文件\第7章\计算加班费.xlsx |
| 最终效果 | 最终效果\第7章\计算加班费.xlsx |

IF函数在前面已经介绍过了，下面就简单介绍一下HOUR函数的构成及应用方法。

HOUR函数是一个时间和日期的函数，用于返回一个小时数。

语法格式：HOUR(serial_number)

参数：serial_number是必需的参数，表示一个时间值，是要查找的小时数。

利用HOUR、IF函数计算员工加班费的具体步骤如下。

1 打开本实例的原始文件，选中G3单元格，输入公式"=IF(F3="统计销售"，HOUR(E3−D3）×20，IF(F3="整理资料"，HOUR(E3−D3)×15，IF(F3="做程序"，HOUR(E3−D3)×20，IF(F3="制作报表"，HOUR(E3−D3)×25))))"，单击编辑栏的【输入】按钮✓，确认输入，即可得到计算结果。

2 对"G3:G12"单元格区域自动填充完成。

3 设置加班费单元格格式，选中"G3:G12"单元格区域，单击鼠标右键，在弹出的快捷菜单中选择【设置单元格格式】菜单项。

4 在【设置单元格格式】对话框中，切换到【数字】选项卡，在【分类】列表框中选择【货币】选项，在【货币符号（国家/地区）】下拉列表中选择【¥】选项，在【小数位数】微调框中输入"2"。切换到【对齐】选项卡，在【水平对齐】下拉列表中选择【靠左（缩进）】选项，在【垂直对齐】下拉列表中选择【居中】选项，单击 确定 按钮。

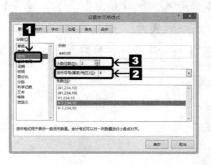

返回文档即可看到为文档设置的效果。

7.4 办公用品盘点清单

在办公室日常的管理中，需要对办公室的物品进行精确细致的清点，以供采购部门和领导作为管理办公室工作的依据。精细的清点会让工作中不会出现没有必要的麻烦。

7.4.1 设计办公用品盘点清单

制作一份正确合理的办公用品盘点清单，能帮助办公室工作高效有序地进行，对清单的美化能增加清单的可读性、美观性，这也是办公室制作各类报表应该遵循的原则。办公用品盘点清单由物品名称、规格、单位、单价、上月剩余数量、本月购进数量、金额、本月剩余数量和本月消耗数量等项目构成，也可以根据本公司的具体情况适当增减。

本小节原始文件和最终效果所在位置如下。
原始文件　无
最终效果　最终效果\第7章\办公用品盘点清单.xlsx

1 创建一个空白的Excel 2013文档，以"办公用品盘点清单"为名保存在合适的位置，将Sheet1工作表重命名为"办公用品盘点清单"。

2 在表格中输入工作表的标题和各列标题，并设置表格标题的格式为【居中】，设置其字体为【华文楷体】、【18】；设置各列标题的字体格式为【华文新魏】、【12】，设置效果如下图所示。

3 输入需要清点的办公用品的相关信息，将"办公用品盘点清单"表格制作完成。

4 对工作表进行美化，选择"A1:I2"单元格区域，设置其边框格式为【所有边框】，为其填充【绿色，着色6，淡色40%】背景色。

5 选中"A3:I14"单元格区域，设置其边框格式为【所有边框】，为其填充【绿色着色6，淡色80%】背景色。

7.4.2 进行相关计算

办公用品盘点清单上有需要进行计算的数据，用户可以根据实际情况利用相应的公式或插入相应的函数来进行相关的计算，以节省时间和减少运算的错误。其中"金额=本月购进数量*单价""本月消耗数量=上月剩余数量+本月购进数量–本月剩余数量"。

本小节原始文件和最终效果所在位置如下。

原始文件	原始文件\第7章\办公用品盘点清单.xlsx
最终效果	最终效果\第7章\办公用品盘点清单.xlsx

1 打开本实例的原始文件，首先计算"本月消耗数量"，选中I3单元格，在编辑栏中输入公式"=E3+F3–H3"，按【Enter】键，即可在I3单元格中得到计算结果。

2 选中I3单元格，将鼠标移动到I3单元格的右下角，这时鼠标指针变成"**十**"形状，按住鼠标不放拖动至I14单元格，完成对本月消耗数量的计算。

3 计算"金额"，选中G3单元格，单击【开始】选项卡【编辑】组中【求和】按钮 **Σ** 右侧的【其他】按钮，在下拉列表中选择【其他函数】选项。

4 弹出【插入函数】对话框，在【或选择类别】下拉列表中选择【数学与三角函数】选项，在【选择函数】列表框中选择【PRODUCT】选项，单击 确定 按钮。

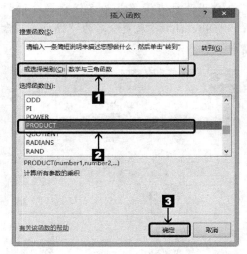

5 弹出【函数参数】对话框，单击【Number1】文本框右侧的【折叠】按钮，在表格中选择D3单元格，单击【展开】按钮，返回【函数参数】对话框，在【Number2】文本框中输入"F3"，单击 确定 按钮。

6 返回工作表，即可得到计算结果。

	F	G	H	
2	本月购进数量	金额	本月剩余数量	本
3	5	50	1	
4	5		3	
5	4		1	
6	4		1	

7 按照上面的方法完成对"G4:G14"单元格的计算填充，完成对"办公用品盘点清单"的计算。

7.4.3 保护、打印工作表

公司有些Excel工作表中的数据具有很强的保密性，为防止他人在未经允许的情况下擅自对其进行修改，可对工作表进行保护，同时对一些重要的数据信息打印备份。

本小节原始文件和最终效果所在位置如下。

原始文件	原始文件\第7章\保护工作簿.xlsx
最终效果	最终效果\第7章\保护工作簿.xlsx

1. 保护工作簿

在Excel 2013中对工作表的保护可分为Excel文档打开的保护、保护工作表不被修改两种情况，用户可根据实际情况对工作表实施不同的保护方案。

文档打开的保护

与Word 2013中设置Word文档打开密码一样，在Excel 2013中同样可以对打开Excel文档设置保护密码，具体的步骤请参照前面所讲，此处不再赘述。

保护Excel文档不被修改

保护单元格不被修改，即不允许修改、删除单元格中的数据和向单元格中输入数据。

具体操作步骤如下。

1 打开本实例的原始文件，选中要进行保护的单元格区域，单击鼠标右键，在弹出的快捷菜单中选择【设置单元格格式】选项。

2 弹出【设置单元格格式】对话框，切换到【保护】选项卡，选中【锁定】复选框，单击 确定 按钮。

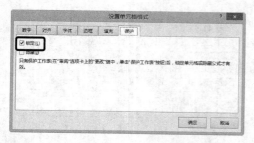

3 切换到【审阅】选项卡，单击【更改】组中【保护工作表】按钮 保护工作表，弹出【保护工作表】对话框，在对话框中可设置受保护的内容，在【密码】文本框中输入密码，这里输入"123"，设置完成后，单击 确定 按钮。

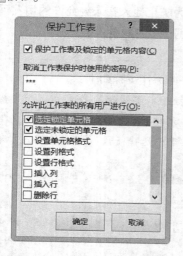

4 随即弹出【确认密码】对话框，在【重新输入密码】文本框中重新输入密码"123"，单击 确定 按钮，即可完成对工作簿的保护成功设置。

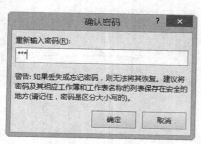

5 用户在不知道密码的情况下，不能对受保护的工作簿进行撤销保护操作。在受保护的单元格区域中删除、修改、输入数据时会弹出如下对话框。

6 若要撤销对工作表的保护，单击【审阅】选项卡【更改】组中的【撤销工作表保护】 撤销工作表保护 按钮，即可撤销对工作表的保护。

○ 通过保护工作簿来保护工作表

1 打开要进行保护的Excel文档，切换到【审阅】选项卡，单击【更改】组中的【保护工作簿】按钮 保护工作簿。

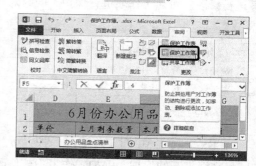

2 弹出【保护结构和窗口】对话框，选择【保护工作簿】组合框中的【结构】复选框，在【密码】文本框中输入保护文档的密码"123"，单击 确定 按钮。

3 弹出【确认密码】对话框，在对话框中重新输入密码"123"，单击 确定 按钮。

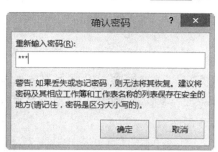

2. 打印工作表

本小节原始文件和最终效果所在位置如下。	
原始文件	原始文件\第7章\打印工作表.xlsx
最终效果	最终效果\第7章\打印工作表.xlsx

在实际生活中，对于一些重要的文档通常是要打印出来备份保存的，将文档打印之前要对文档进行一定的打印设置，以确保打印出来的效果。在Excel 2013中，打印分为打印整张工作表和打印局部页面，用户可在实际操作中根据自己的具体情况来选择。

1 按照前面介绍的方法对工作簿的页面进行一定的设置，设置完成后选择打印区域，在默认状态下，Excel文档中有文字数据的行和列会自动地被选择为打印区域。

2 打开【页面布局】对话框，切换到【工作表】选项卡，单击【工作表页面设置】按钮 ，文本框右侧的【折叠】按钮 ，在工作表中选择要打印的区域，被闪烁虚线选中的区域即为要进行打印的区域。

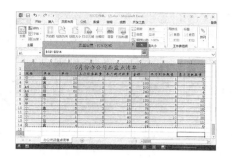

提示

若选择的打印区域的宽度超过了选择纸张的宽度，则最右侧超过的列将不会被打印出来，所以要根据纸张的大小来选择打印区域，或调整各列的宽度来确保打印数据的完整。

3 对工作表的打印设置完成后，可以查看打印效果，在【页面设置】对话框中，单击 打印预览 按钮，即可在右侧的【预览】窗格中看到打印预览的效果。

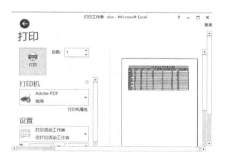

4 在中间【份数】微调框中输入要打印的份数，在【设置】组合框中的【打印活动工作表】下拉列表中选择要打印的效果，在【页数】微调框中输入要打印的页数范围，单击【打印】按钮即可将工作表打印。

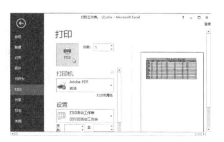

高手过招

显示隐藏后的工作表

1 打开要查看的Excel文档，文档被隐藏后窗口变成灰色，没有任何工作表，如下图所示。

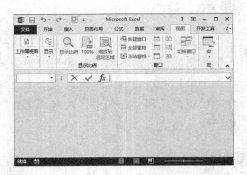

2 切换到【视图】选项卡，单击【窗口】组中的 取消隐藏 按钮，弹出【取消隐藏】对话框。

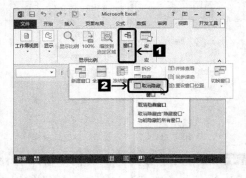

3 在【取消隐藏】对话框中选择要取消隐藏的工作簿，单击 确定 按钮，即可将隐藏的工作簿显示出来。

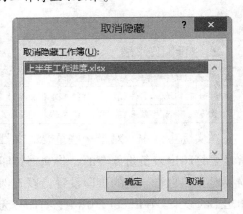

第8章

Excel 2013高级应用

Excel 2013为用户提供了强大的图表和数据透视表功能，通过创建不同类型的图表，用户可以将工作表中的数据生动直观地表现出来，增加工作表的视觉效果和对数据预测的准确度。

关于本章的知识，本书配套教学光盘中有相关的多媒体教学视频，请读者参见光盘中的【Office软件办公\Excel 2013高级应用】。

8.1 销售预测分析

通过对现有数据的整理，了解企业产品在市场上的销售情况，做出未来产品的销售预测，能帮助企业对产品市场进行合理的分配，以达到最大的经济效益。

8.1.1 未来三年销售预测

利用现有的数据进行预测对企业的发展有着十分重要的作用，是企业决策的重要依据。

本小节原始文件和最终效果所在位置如下。

原始文件	无
最终效果	最终效果\第8章\未来三年销售预测.xlsx

1. 制作基本预测表

要对未来进行预测，首先应建立一个基本的预测表。

1 创建一个空白的Excel 2013工作簿，以"未来三年销售预测"为名保存在合适的位置，打开保存好的工作簿，将工作表Sheet1重命名为"未来三年销售预测"。

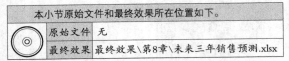

2 输入工作表内容，对工作表格式进行相应的设置，调整列宽至合适的宽度。

3 利用相关函数进行计算，将鼠标定位在C15单元格，单击【开始】选项卡【编辑】组中的【求和】按钮∑·，"C3:C14"单元格区域自动被选中，按【Enter】键，即可计算出结果，将公式复制到D15单元格中。

4 将鼠标定位在G3单元格中，利用PRODUCT函数对"市场销售总额"进行计算，将公式复制至G14单元格，并求出市场销售总额的合计。

2. 使用函数查询某年的销售总额

本小节原始文件和最终效果所在位置如下。	
原始文件	原始文件\第8章\使用函数查询.xlsx
最终效果	最终效果\第8章\使用函数查询.xlsx

要想知道某年的总销售量，除了直接在表格中查找外，还可以利用函数进行查询，这就要用到INDIRECT函数，下面就简单介绍一下有关INDIRECT函数的基础知识。

INDIRECR函数的功能是返回由文本字符串制定的引用，并显示对字符串的引用进行计算的内容。

语法格式：INDIRECT(ref_text,a1)

参数：ref_text是必需的，指的是对单元格的引用，可以包含A1样式的引用、A1C1样式的引用、定义为引用的名称或者对文本字符串单元格的引用。如果ref_text不是合法的引用，则返回错误值#REF!；a1可选择，指的是一个逻辑值，指明包含在单元格ref_text中的引用的类型。

◎ 定义名称

在使用函数进行查询之前，首先要对表格中的单元格定义名称，具体的操作步骤如下。

1 将光标定位在工作表的任意单元格，切换到【公式】选项卡，单击【定义的名称】组中【定义名称】按钮 定义名称 ▼ 。

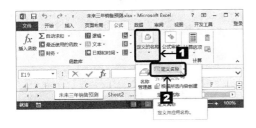

2 在弹出的【新建名称】对话框中的【名称】文本框中输入"二零一六"，然后单击【引用位置】文本框右侧的【折叠】 按钮。

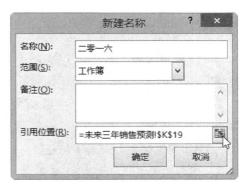

3 这时对话框处于折叠状态，在工作表中选中"G3:G6"单元格区域，单击【新建名称】对话框中的【展开】按钮 。

4 返回【新建名称】对话框，单击 确定 按钮，即为单元格定义新的名称，按照同样的方法对"2017年市场销售总额"和"2018年市场销售总额"定义新的名称。

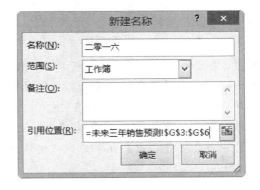

（1）新定义的名称不能与单元格的名称相同，同一工作簿中的名称也不能相同。

（2）定义名称的第一个字符必需是字母、汉字或是下划线。

（3）定义的名称长度不能超过255个字符，字符之间不能有空格。

（4）字母不区分大小写。

◎ 使用函数查询销售总量

1 在工作表中输入查询内容，并设置好格式，效果如下图所示。

	H	I	J	K	L
2					
3		统计未来三年销售总额			
4		输入查询年份			
5		市场销售总额			
6					
7					

2 选中K5单元格，在单元格中输入公式"=SUM(INDIRECT($K$4))"按【Enter】键，由于K4单元格是空的，所以K5单元格中显示的是"#REF！"。

	H	I	J	K	L
2					
3		统计未来三年销售总额			
4		输入查询年份			
5		市场销售总额		#REF！	
6					
7					

3 对某年的销售总额进行查询。在K4单元格中输入要进行查询的年份，如要对2016年的销售总额进行查询，则在K4单元格中输入"二零一六"，按【Enter】键，K5单元格中会自动计算出2016年的市场销售总额"1140000"。

	H	I	J	K	L
2					
3		统计未来三年销售总额			
4		输入查询年份		二零一六	
5		市场销售总额		1140000	
6					
7					
8					

3. 创建按年份显示的动态图表

	本小节原始文件和最终效果所在位置如下。	
	原始文件	原始文件\第8章\创建动态图表.xlsx
	最终效果	最终效果\第8章\创建动态图表.xlsx

动态图表可以形象直观地表现年销售预测情况的走向，用图表的走向作为未来工作的指导依据，准确地分析市场状况，制定正确的工作计划。创建动态图表的方式包括利用组合框、选项按钮、复选框进行创建等。

下面以利用组合框创建动态图表为例，具体步骤如下。

1 打开本实例的原始文件，将工作表Sheet 2重命名为"创建动态图表"，在"创建动态图表"工作表中输入有关数据。

2 选中并复制"B1:E1"单元格区域，选中A16单元格，单击鼠标右键，在弹出的快捷菜单中选择【粘贴选项】▶【转置】菜单项。

3 对所选区域完成转置粘贴。

4 选中B15单元格，切换到【数据】选项卡，单击【数据工具】组中的【数据验证】按钮 数据验证 ，在下拉列表中选择【数据验证】选项。

5 弹出【数据验证】对话框，在【设置】选项卡【允许】下拉列表中选择【序列】选项，在【来源】文本框中设置数据来源为"$A$2:$A$13"，单击 确定 按钮。

6 返回工作表，单击B15单元格右侧的下拉按钮 ，此时可在下拉列表中弹出相关选项。

7 选中B16单元格，输入公式"=VLOOKUP($B$15,$2:$13,ROW()-14,0)"，按【Enter】键确认，将公式复制到B19单元格，此公式的功能是：以B15单元格为查询条件，从第2行到第13行进行横向查询，当查询到第14行时，返回0值。

	A	B	C	D	E
12	2018年3季度	2800	2600	26%	
13	2018年4季度	2860	2700	26%	
14					
15					
16	市场总需求量	#N/A			
17	市场总销量	#N/A			
18	市场总占有率	#N/A			
19	产品定价	#N/A			
20					
21					

8 单击B15单元格右侧的下拉按钮，在弹出的下拉列表中选择【2016年3季度】选项，即可在下方显示出查询的2016年3季度的相关值。

9 选中"A15:B19"单元格区域，切换到【插入】选项卡，单击【图表】组中【柱形图】按钮 ，在下拉列表中选择【三维簇状柱形图】选项。

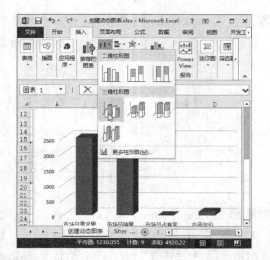

10 即可在工作表中插入一个三维簇状柱形图。

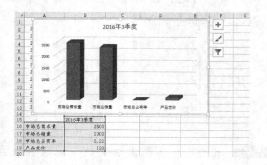

11 选中"A15:B19"单元格区域，切换到【开发工具】选项卡，单击【控件】组中【插入】按钮，在下拉列表中选择【ActiveX 控件】组合框中的【组合框（ActiveX控件）】选项。

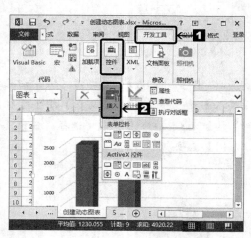

12 此时鼠标指针变成"**+**"形状，在工作表中绘制出一个组合框。

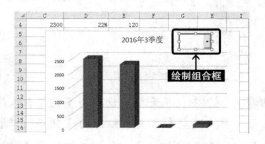

13 选中该组合框，单击鼠标右键，在弹出的快捷菜单中选择【属性】选项。

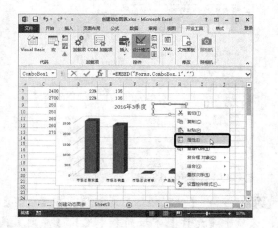

14 弹出【属性】对话框，在【LinkedCell】右侧文本框中输入"创建动态图表! B15"，在【ListFillrange】右侧文本框中输入"创建动态图表! A2:A13"。

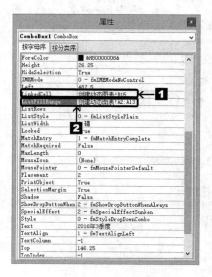

15 设置完成后关闭【属性】对话框，调整组合框的大小，并将原来的图表标题覆盖。

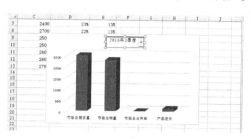

16 单击【控件】组中【设计模式】按钮，退出设计模式。

17 此时单击组合框右侧的下拉按钮，选择【2018年1季度】选项，即可将2018年1季度的数据显示出来。

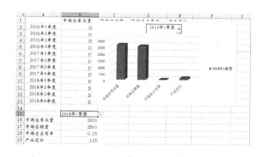

4. 打印图表

图表设置完成后就可以对图表进行打印了，在打印之前要对图表进行一定的设置和打印预览，以免因设置不当而造成图表打印不完整。

1 首先设置打印图表选项，选中插入的图表，切换到【格式】选项卡，单击【当前所选内容】组中的【设置所选内容格式】按钮。

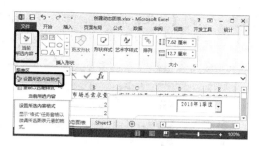

2 弹出【设置图表区】任务窗格，在左侧窗格中选择【大小属性】菜单项，在右侧【属性】窗格中选中【大小和位置均固定】单选按钮，然后选中【打印对象】复选框。

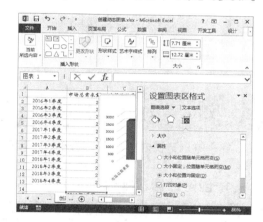

3 关闭对话框，返回工作表，切换到【页面布局】选项卡，单击【页面设置】组中的【对话框启动器】按钮，弹出【页面设置】对话框。

4 切换到【图表】选项卡，可在【打印质量】组合框中选择图表的打印质量，这里选择【按黑白方式】选项，单击 打印预览(W) 按钮。

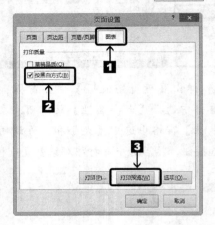

5 随即进入打印预览窗口，在中间窗格的【份数】微调框中输入要打印的份数，这里输入"3"，在【打印机】下拉列表中选择好打印机，单击顶端的【打印】按钮 即可对图表进行打印。

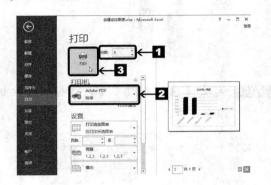

8.1.2 透视分析未来三年销售情况

利用数据透视表可以方便地分析未来三年销售情况。

1. 创建数据透视表

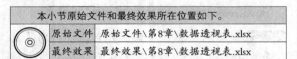

本小节原始文件和最终效果所在位置如下。

	原始文件	原始文件\第8章\数据透视表.xlsx
	最终效果	最终效果\第8章\数据透视表.xlsx

1 打开本实例的原始文件，选中工作表中的任意单元格，切换到【插入】选项卡，单击【表格】组中的【数据透视表】按钮。

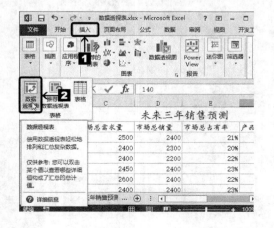

2 弹出【创建数据透视表】对话框，选中【请选择要分析的数据】组合框中【选择一个表或区域】单选钮，单击【表/区域】文本框右侧的折叠按钮，在工作表中选择数据区域，这里选择"A2:G15"单元格区域，单击【创建数据透视表】的展开按钮，返回【创建数据透视表】对话框。

3 在【选择放置数据透视表的位置】组合框中，选中【新工作表】按钮，单击 确定 按钮，即可在新工作表中插入一个透视表设置对话框。

4 在工作表右侧的【数据透视表字段列表】对话框中，选中"年"字段，这时鼠标指针变成"↖"形状，然后按着鼠标指针不放，将其拖动到【行标签】文本框中，按照以上方法将"季度"字段拖动到【行标签】文本框中，将"市场总需求量""市场总销售量""市场销售总额"字段拖动到【数值】文本框中。

选择要添加到报表的字段：

☑ 年
☑ 季度
☑ 市场总需求量
☑ 市场总销量
☐ 市场总占有率
☐ 产品定价
☑ 市场销售总额

更多表格...

在以下区域间拖动字段：

▼ 筛选器   ▥ 列
                 Σ 数值   ▼

▤ 行   Σ 值
年   ▼   求和项:市... ▼
季度   ▼   求和项:市... ▼

5 关闭【数据透视表字段列表】对话框，返回工作表，即可看到插入的透视表。

	A	B	C	D	E
4	⊟2016	9950	9500	1140000	
5	1	2600	2500	300000	
6	2	2400	2300	276000	
7	3	2500	2300	276000	
8	4	2450	2400	288000	
9	⊟2017	10360	10000	1314000	
10	1	2700	2400	288000	
11	2	2400	2400	324000	
12	3	2700	2700	364500	
13	4	2560	2500	337500	
14	⊟2018	11110	10400	1457000	
15	1	2600	2500	337500	
16	2	2850	2600	364000	
17	3	2800	2600	364000	
18	4	2860	2700	391500	
19	⊟合计	31420	29900	3911000	
20	(空白)	31420	29900	3911000	
21	总计	62840	59800	7822000	

6 将光标定位在【季度】字段的任意单元格，切换到【分析】选项卡，单击【分组】组中的【组选择】按钮 → 组选择 。

7 弹出【组合】对话框，在【起始于】文本框中输入"1"，在【终止于】文本框中输入"4"，在【步长】文本框中输入"2"，单击 确定 按钮。

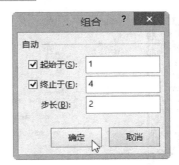

8 返回工作表，此时数据透视表中的"季度"字段显示为两个月一组，然后将工作表重命名为"未来三年销售预测分析"。

2. 多重合并数据透视表

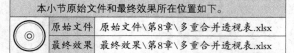

本小节原始文件和最终效果所在位置如下。

原始文件	原始文件\第8章\多重合并透视表.xlsx
最终效果	最终效果\第8章\多重合并透视表.xlsx

对多个工作表进行多重数据分析我们需要用到数据透视表中的"数据透视表和数据透视图向导"功能，但是Excel 2013版本中并没有在选项卡和自定义快速访问工具栏中直接列出该功能，需要我们将它添加到自定义快速访问工具栏中，具体操作如下。

1 打开本实例的原始文件，单击【文件】按钮，从弹出的界面中选择【选项】选项。

2 弹出【Excel选项】对话框，切换到【快速访问工具栏】选项卡，在【从下列位置选择命令】下拉列表中选择【不在功能区中的命令】选项，在下面的列表框中选择【数据透视表和数据透视图向导】选项。

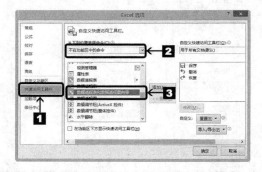

3 单击 添加(A) >> 按钮，将【数据透视表和数据透视图向导】添加到【自定义快速访问工具栏】列表框中。

4 单击【确定】按钮，返回工作表，即可看到【数据透视表和数据透视图向导】已经被添加到自定义快速访问工具栏中。

下面就利用【数据透视表和数据透视图向导】进行多个工作表的多重合并，具体操作步骤如下。

1 打开本实例的原始文件，选中"多重合并透视表"工作表，切换到【插入】选项卡，单击【数据向导】组中的【数据透视表和数据透视图向导】按钮，弹出【数据透视表和数据透视图向导——步骤1】对话框。

2 在【数据透视表和数据透视图向导——步骤1】对话框【请指定待分析数据的数据源类型】组合框中选中【多重合并计算数据区域】单选按钮，在【所需创建的报表类型】组合框中选中【数据透视表】单选按钮，单击 下一步(N) > 按钮。

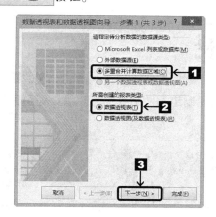

3 弹出【数据透视表和数据透视图向导——步骤2a】对话框，在【请指定所需的页字段数目】组合框中选中【自定义页字段】单选按钮，单击 下一步(N) > 按钮。

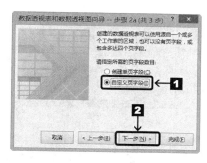

4 弹出【数据透视表和数据透视图向导－第2b步】对话框，在对话框中单击【选定区域】文本框右侧的折叠按钮，选中"2016年"工作表中要创建数据透视表的单元格区域，单击对话框的展开按钮，返回对话框。

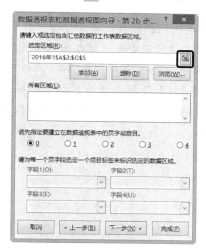

5 单击 添加(A) >> 按钮，将所选区域添加到【所有区域】列表框中，选中刚添加的【'2016年'!$A$2:$G$5】选项，在【请先指定要建立在数据透视表中的页字段数目】选项组中选中【1】单选按钮，在【请为每一个页字段选定一个项目标签来标识选定的数据区域】的【字段1】下拉列表中输入"2016"。

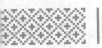

6 按照同样的方法将"2017年"和"2018年"工作表中的数据区域添加到【所有区域】列表框中，并在【'2017年'!$A$2:$G$5】选项的【字段1】下拉列表中输入"2017"，在【'2018年'!$A$2:$G$5】选项的【字段1】下拉列表中输入"2018"，单击 完成(F) 按钮。

7 返回工作表，单击页字段右侧的下拉按钮 ▼ ，即可看到页字段中的各项名称，并可对其进行选择，同样的方法也可对行标题和列标题进行选择。

8.2 月度考勤统计表

考勤情况是人事部门对员工进行管理的重要依据，关系到公司的正常运转和员工工资的发放，为此人事部门应制定相关的表格来记录公司员工的出勤情况。

8.2.1 创建员工签到表

在对公司员工的出勤情况进行统计的时候，必然会用到员工签到表，统计签到表也是对员工出勤情况进行统计的第一步，因此在创建员工月度考勤表之前首先应创建一份员工签到表。

本小节原始文件和最终效果所在位置如下。	
原始文件	无
最终效果	最终效果\第8章\员工签到表.xlsx

1. 创建员工签到表

员工签到表应以员工姓名为名称，便于

对每个员工出勤情况的掌握。员工签到表包括日期、上班时间、下班时间、是否请假、是否迟到、是否早退等项目。

创建员工签到表的具体步骤如下。

1 创建一个空白的Excel 2013工作簿，以"员工签到表"为名保存在合适的位置，将各个工作表重命名为员工姓名，若工作表数量不够可单击【新建工作表】按钮 ⊕，即可在原有的工作表的基础上新建一个工作表。

2 在【汤立】工作表中输入签到表的列标题，在A2和A3单元格中分别输入"2015-7-1"和"2015-7-2"，选中"A2:A3"单元格区域，利用自动填充功能将余下的日期填充完成。

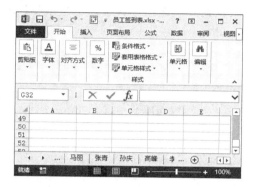

3 选中整个工作表，将工作表的格式设置为【居中】，选中工作表的列标题，将其复制到其他工作表中，将日期填充完成，将所有工作表的格式设置为【居中】。

	A	B	C	D	E	F
1	日期	上班时间	下班时间	是否请假	是否迟到	是否早退
2	2015/7/1					
3	2015/7/2					
4	2015/7/3					
5	2015/7/4					
6	2015/7/5					
7	2015/7/6					
8	2015/7/7					
9	2015/7/8					
10	2015/7/9					
11						

4 在每个工作表中输入员工的签到时间，将"员工签到表"填充完成。

2. 使用符号标记出迟到或早退

在统计员工迟到或早退之前首先要知道上班的时间，假设公司规定，上班是时间8:00，下班时间为17:00，用符号对员工迟到或早退做出标记。

1 在"汤立"工作表之前插入一个名为"公司上下班规定"的工作表，在工作表中输入有关上下班的规定。

	A	B	C	D	E
1	上班时间	8:00			
2	下班时间	17:00			
3					
4					
5					
6					

2 在任意工作表标签上单击鼠标右键，在弹出的快捷菜单中选择【选定全部工作表】菜单项。

3 将所有工作表全部选定，这时所有工作表处于编辑状态，可同时对所有工作表进行编辑。

4 在E2单元格中输入公式"=IF(B2="","请假"，IF(B2>上下班规定！$B$1，"★",""))"，按【Enter】键确认输入，即可得到员工是否迟到的情况。

	A	B	C	D	E	F
1	日期	上班时间	下班时间	是否请假	是否迟到	是否早退
2	2015/7/1	7:55	17:10			
3	2015/7/2	8:30	17:02			
4	2015/7/3	7:35	16:00			
5	2015/7/4	7:51	16:50			
6	2015/7/5	7:50	17:10			
7	2015/7/6	7:55	17:02			
8	2015/7/7			请假		
9	2015/7/8	7:50	17:00			
10	2015/7/9	8:05	16:00			

5 选中E2单元格，利用自动填充功能将此公式复制到其他单元格中，这时其他工作表中的有关员工是否迟到统计完成，然后在任意工作表标签上单击鼠标右键，在弹出的快捷菜单中选择【取消组合工作表】选项即可。

	A	B	C	D	E	F
1	日期	上班时间	下班时间	是否请假	是否迟到	是否早退
2	2015/7/1	7:52	17:02			
3	2015/7/2	7:55	17:10			
4	2015/7/3	8:30	17:02		★	
5	2015/7/4	7:35	16:00			
6	2015/7/5	7:51	16:50			
7	2015/7/6	7:50	17:10			
8	2015/7/7	7:55	17:02			
9	2015/7/8	8:05	16:00		★	
10	2015/7/9	7:50	17:00			
11	2015/7/10			请假	请假	
12	2015/7/11	7:50	17:10			
13	2015/7/12	7:55	17:02			
14	2015/7/13	8:05	16:00		★	
15	2015/7/14	7:58	16:30			
16	2015/7/15	7:50	17:10			
17	2015/7/16			请假	请假	
18	2015/7/17	8:10	17:02		★	
19	2015/7/18	7:40	17:10			
20	2015/7/19	7:35	17:10			
21	2015/7/20	7:55	17:10			
22	2015/7/21	8:10	17:02		★	
23	2015/7/22	7:40	17:10			
24	2015/7/23			请假	请假	
25	2015/7/24	7:55	17:02			
26	2015/7/25	7:40	16:00			
27	2015/7/26	8:00	16:50			
28	2015/7/27	8:10	17:02		★	
29	2015/7/28	7:55	17:01			
30	2015/7/29			请假	请假	
31	2015/7/30	7:35	17:10			
32	2015/7/31	7:55	17:10			

6 按照以上方法统计出员工早退的情况。

8.2.2　创建月度考勤统计表

对员工的考勤情况进行统计是人事部门的一项重要的任务，在对考勤统计表编辑的过程中会用到一些函数，利用函数能方便快捷地处理数据，提高工作效率。

本小节原始文件和最终效果所在位置如下。	
原始文件	无
最终效果	最终效果\第8章\月度考勤统计表.xlsx

1．创建月度考勤统计表

在处理月度考勤统计表的过程中会用到的函数有：DAY函数、COUNTIF函数、DAYS360函数、EOMONTH函数等。在应用之前，先简单介绍一下有关函数的基础知识。

（1）DAY函数

DAY函数的功能是用于返回以序列号表示的某天的日期。

语法格式：DAY(serial_number)

参数：serial_number是必需的，表示要查找的某一天的日期。

（2）COUNTIF函数

COUNTIF函数对指定单元格内满足条件的单元格进行计数。

语法格式：COUNTIF(range,criteria)

参数：range是必需的，要进行计数的单元格区域可以是名称、数字、数组或包含数字的引用，但空值和文本值将被忽略；criteria是必需的，用于确定对哪些单元格进行统计，能进行统计的形式有数字、表达式或文本。

（3）DAYS360函数

DAYS360函数用于按照一年360天的算法（每个月以30天计算，共计12个月），返回两日期之间相差的日期数。

语法格式：DAYS360（start_date,end_date,method）

参数：start_date,end_date是必需的，用于定义计算天数的起止日期；method可选择，一个逻辑值，用于指定在计算中是采用欧洲方法还是美国方法。

（4）EOMONTH函数

EOMONTH函数用于返回start_date之前或之后用于指示月份的该月最后一天的序列号。使用函数EOMONTH函数可以计算正好在特定月份中最后一天到期的到期日。

语法格式：EOMONTH(start_date,months)

参数：start_date是必需的，指的是开始日期的一个日期；month是必需的，指的是start_date之前或之后的月数。

如果start_date为非法日期值，则函数返回错误值#NUM！；如果start_date为假，则months产生非法日期值，函数EOMONTH将返回错误值#NUM!；如果EOMONTH函数不可用并返回错误值#NAME?，则需要安装并加载"分析工具库"加载宏。具体的操作步骤如下。

1 单击 **文件** 按钮，在下拉菜单中选择【选项】菜单项，随即弹出【Excel选项】对话框，在左侧窗格中选择【加载项】选项卡，然后在右侧【管理】下拉列表中选择【Excel加载项】选项，单击 转到(G)... 按钮。

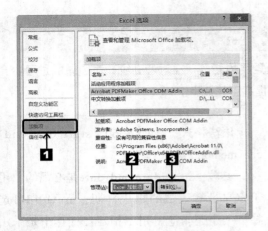

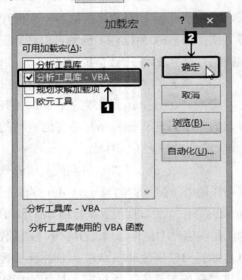

2 弹出【加载宏】对话框，在【可用加载宏】文本框中选中【分析工具库】复选按钮，然后单击 确定 按钮即可。

提示

（1）如果【可用加载宏】文本框中没有【分析工具库】选项，可单击 浏览(B)... 按钮进行查找。

（2）如果出现一条消息，指出您的计算机当前没有安装分析工具库，单击"是"进行安装即可。

2. 输入考勤项目

介绍完函数之后，就可以创建"月度考勤统计表"了，考勤统计表包括员工编号、姓名、出勤天数、请假天数、请假类别、迟到和早退次数、备注等内容组成。

1 创建一个空白的Excel 2013工作簿，以"月度考勤统计表"为名保存在合适的位置，将工作表Sheet1重命名为"月度考勤统计表"。

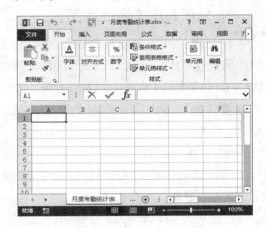

2 在工作表中输入"月度考勤统计表"的各列标题，并对工作表的格式进行设置，设置完成后，在工作表中输入每个员工的月度考勤数据。

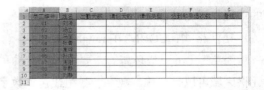

3. 隐藏工作表网格线

工作表的网格线虽不会被打印出来，但有时为了使工作表在编辑的过程中更加美观，可以将工作表的网格线隐藏起来，具体的步骤如下。

打开工作表，切换到【视图】选项卡，将【显示】组中【网格线】的复选框取消，即可看到工作表中的网格线被隐藏起来了。

将网格线隐藏后为了使工作表看起来更加美观清晰，可为工作表添加上边框和底纹，选中"A1:G10"单元格区域，为单元格区域设置为全边框，并为"C2:G9"单元格区域填充为【深蓝，文字2 淡色80%】底纹。

4. 计算员工请假天数

要计算员工的请假天数，就会用到"员工签到表"中的有关数据，在引用"员工签到表"中的数据时应注意，先要将"员工签到表"打开，并单击要引用数据所在的工作表。

1 在"月度考勤统计表"中选中D2单元格，输入公式"=COUNTIF([员工签到表.xlsx]刘涛!$D$2:$D$32,"请假")"，按【Enter】键，即可在D2单元格中得到员工刘涛的请假天数"4"。

2 按照以上方法求出其他员工的请假天数。

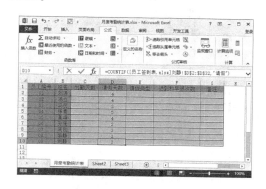

5. 使用数据有效性输入请假类型

对员工请假进行统计时可根据不同的类别来登记，利用数据的有效性设置来定义单元格的序列，可以更加方便地在下拉列表中选择请假类别，避免输入错误，节约时间，提高工作效率。

1 将光标定位在"E2:E9"单元格区域，切换到【数据】选项卡，单击【数据工具】组中的【数据验证】按钮 数据验证 右侧的下拉按钮，在下拉菜单中选择【数据验证】选项。

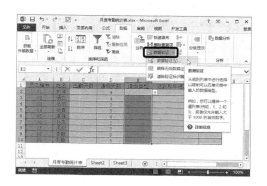

2 弹出【数据有效性】对话框，切换到【设置】选项卡，在【允许】下拉列表中选择【序列】选项，在【来源】文本框中输入"事假,病假,公假,婚假,产假,丧假"。

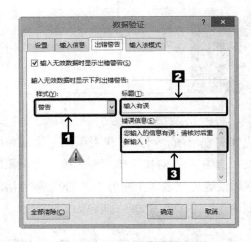

5 设置完成后单击 [确定] 按钮，返回工作表，此时单击设置了数据有效性的单元格时，在单元格的右侧会出现一个下拉箭头按钮 ▼ 和提示信息。

6 选中设置了数据有效性的单元格右侧的下拉箭头按钮 ▼，在弹出的下拉列表中选择请假类型即可。

提示

必须输入英文状态下的逗号，中文状态下的不起作用。

3 设置输入前的提示信息，切换到【输入信息】选项卡，在【标题】文本框中输入"请假类型"，在【输入信息】文本框中输入"请输入请假类型"。

4 设置输入错误时的警告信息，切换到【出错警告】选项卡，在【样式】下拉列表中选择【警告】选项，在【标题】文本框中输入"输入错误"，在【错误信息】文本框中输入"您输入的信息有误，请核对后重新输入！"。

7 若手动输入时输入的请假类别不在设置的有效序列中，则会弹出【输入错误】对话框，提示请重新核对输入的请假类型。

6. 统计员工迟到和早退次数

要统计员工迟到和早退的次数就要用到"员工签到表"工作簿中的数据，首先将"员工签到表"工作簿打开以备数据的引用。在"员工签到表"中员工迟到和早退的情况已经用"★"符号标出，因此只要统计出"★"符号的数量即可。

1 在"月度考勤统计表"中，选中F2单元格，输入公式"=COUNTIF([员工签到表.xlsx]刘涛! $E$2：$E$32,"★")"，按下【Enter】键即可将员工迟到和早退的情况统计出。

2 按照上面的方法将其他员工的迟到和早退情况统计出。

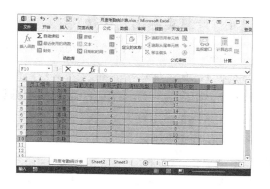

7. 计算本月天数

在统计员工实际出勤天数时，会用到本月天数数据，因此在对员工出勤天数进行统计前先要对本月天数进行统计。

1 在工作表中输入计算本月天数的内容，设置好单元格的格式。

2 在"月度考勤统计表"中添加本月实际天数一项，选中J3单元格，输入公式"=DAYS360(EOMONTH($J$2，-1),EOMONTH($J$2,0))"，按【Enter】键即可将本月的实际天数统计出。

8. 计算实际出勤天数

实际出勤天数是由本月天数减去请假天数得到的，在上面已经将本月天数和请假天数进行了相应的统计，把已经得到的数据相减即可得到实际出勤天数，在计算实际出勤天数时可用两种方法。

1 选中C2单元格，在C2单元格中输入公式"=$J$3–D2"，输入完成后按【Enter】键，即可计算出实际出勤天数。

2 利用自动填充功能将其他员工的实际出勤天数统计完成。

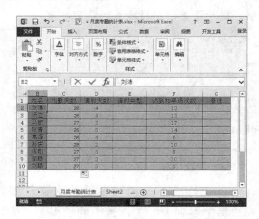

8.2.3 美化月度考勤统计表

将月度考勤统计表制作完成后，还要对其进行美化，以增加工作表的美观效果，利用表样式对工作表进行快速美化。Excel 2013中内置了很多表格格式，用户可以直接套用这些表格格式，方便快捷地对表格进行美化。

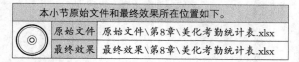

本小节原始文件和最终效果所在位置如下。
原始文件：原始文件\第8章\美化考勤统计表.xlsx
最终效果：最终效果\第8章\美化考勤统计表.xlsx

1 打开本实例的原始文件，选中"A1:F10"单元格区域，将表格的边框和底纹清除，然后单击【开始】选项卡【样式】组中的【套用表格样式】按钮。

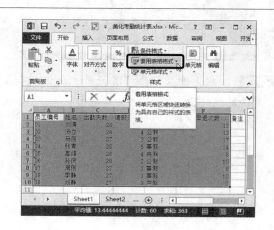

2 在【套用表格格式】下拉列表中选择合适的表格格式，这里选择【表样式浅色9】选项。

3 弹出【套用表格式】对话框，在对话框中的【表数据的来源】文本框中输入"＝$A$1:$G$10"。若选中【表包含标题】选项，则工作表中的列标题不变；若将【表包含标题】选项取消，则在工作表的列标题上方增加新的列标题。

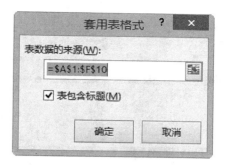

4 单击 确定 按钮，即可为工作表添加上新的表格样式。

8.2.4　规范月度考勤统计表

为使"月度考勤统计表"便于查看和统计，可对其进行规范，如冻结标题、添加说明信息板等。

本小节原始文件和最终效果所在位置如下。	
原始文件	原始文件\第8章\规范考勤统计表.xlsx
最终效果	最终效果\第8章\规范考勤统计表.xlsx

1. 固定显示标题行

冻结工作表的行标题和列标题，使其固定显示，便于查看。

1 冻结首行。打开本实例的原始文件，切换到【视图】选项卡，单击【窗口】组中的【冻结窗格】按钮 冻结窗格▾，在其下拉列表中选择【冻结首行】选项。

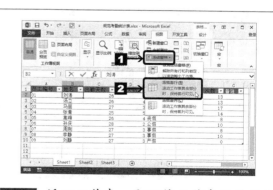

2 返回工作表，即可将工作表的首行冻结，在被冻结成功的首行下方出现一条黑色的直线，向下拖动滚动条，首行始终在工作表的上方显示。

3 冻结首列。单击【视图】选项卡中【窗口】组中的【冻结窗格】按钮 ![冻结窗格] ，在其下拉列表中选择【冻结首列】选项，即可将工作表的首列冻结，在首列的右侧出现一条黑色的直线，向右拖动工作表，首列始终在工作表中显示。

4 冻结窗格。选中B2单元格，单击【视图】选项卡【窗口】组中【冻结窗格】按钮 ![冻结窗格] ，在其下拉列表中选择【冻结拆分窗格】选项，在首行下方和首列右侧出现一条黑色直线，即可将首行和首列全部冻结。

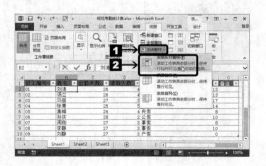

5 解除冻结的窗格。在【视图】选项卡中单击【窗格】组中的【冻结窗格】按钮 ![冻结窗格] ，在其下拉列表中选择【取消冻结窗格】选项即可。

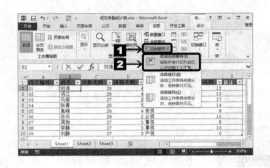

2. 制作说明信息板块

1 切换到【插入】选项卡，单击【形状】按钮 ![形状] ，在下拉列表中选择合适的图形，这里选择【圆角矩形】选项。

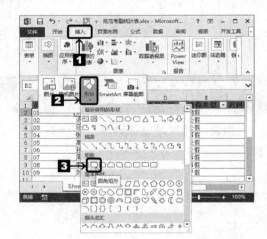

2 在"规范考勤统计表"工作表中绘制一个圆角矩形，调整好自选图形的大小和位置。

3 选中图形，在图形中输入说明信息，效果如下图所示。

4 设置自选图形的形状格式，选中刚绘制的自选图形，填充颜色设置为【紫色】，效果如下图所示。

5 设置信息说明文字的字体格式，选中自选图形上面的文字，将其字体格式设置为【华文楷体】、【11】、【白色】，调整好自选图形的大小和位置。

8.2.5 使用数据透视表和数据透视图

在数据分析中数据透视表和数据透视图能清晰、直观地显示各数据之间的关系，利用数据透视表和数据透视图对员工的出勤情况进行统计。

本小节原始文件和最终效果所在位置如下。	
原始文件	原始文件\第8章\数据透视分析.xlsx
最终效果	最终效果\第8章\数据透视分析.xlsx

1．创建数据透视表

对不熟悉数据透视表的用户来说，利用数据透视表和数据透视图向导创建数据透视表可以方便快速地创建数据透视表。

1 打开本实例的原始文件，切换到【插入】选项卡，单击文件上方添加的【数据透视表和数据透视图向导】按钮。

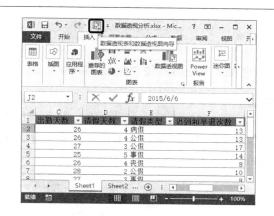

2 弹出【数据透视表和数据透视图向导——步骤1】对话框，在【请指定待分析数据的数据源类型】组合框中选中【Microsoft Office Excel列表或数据库】单选按钮，在【所需创建的报表类型】组合框中选中【数据透视表】单选按钮，单击 下一步(N) > 按钮。

3 随即弹出【数据透视表和数据透视图向导-第2步，共3步】对话框，单击【选定区域】文本框右侧的【折叠】按钮，在工作表中选择要创建数据透视表的数据所在的区域，这里选择"A2:G10"单元格区域，单击【展开】按钮，返回【数据透视表和数据透视图向导】对话框。

4 单击 下一步(N) > 按钮，弹出【数据透视表和数据透视图向导——步骤3】对话框，选中【数据透视表显示位置】组合框中的【新工作表】单选钮，单击 完成(F) 按钮。

5 返回工作表，即在一个新工作表中创建了一个空白的数据透视表。

6 在【数据透视表字段列表】任务窗格中，将"姓名"字段拖至【行标签】窗格中，将"出勤天数""请假天数""迟到和早退次数"字段拖至【数值】窗格中，将"员工编号"字段拖至【报表筛选】窗格中，关闭【数据透视表字段列表】任务窗格，返回工作表即可看到对员工出勤情况的透视分析。

2. 隐藏数据透视表中的汇总项

若只对每个员工的出勤情况进行分析，则可以将数据透视表中的汇总项隐藏起来。

1 在数据透视表区域内单击鼠标右键，在弹出的快捷菜单中选择【数据透视表选项】菜单项。

3. 只显示要查看的数据项

在默认情况下，数据透视表中的每个字段的下拉列表中选择的都是【全部】选项，在实际中可能只需要其中一部分的数据，这时用户可以根据自己的实际情况来显示要查看的数据，将暂时不用的数据隐藏起来。

如在"月度考勤统计表的数据透视表"中只显示编号为"05""07""08"的员工的月度出勤情况，具体的步骤如下。

1 单击【员工编号】字段右侧的下拉按钮，在弹出的列表框中选中【选择多项】按钮，再将【（全部）】复选框撤销，选中编号"05""07""08"复选框。

2 弹出【数据透视表选项】对话框，在对话框中切换到【汇总和筛选】选项卡，将【总计】组合框中的【显示行总计】和【显示列总计】复选按钮取消，单击 确定 按钮。

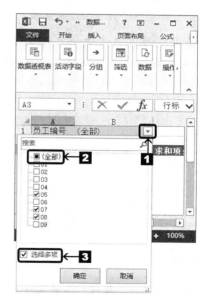

3 返回工作表，即可看到行汇总和列汇总都被隐藏了。

2 单击 确定 按钮，返回工作表，即可看到只显示了员工编号为"05""07"和"08"的员工的出勤信息。

4. 自动套用数据透视表格式

在数据透视表创建完成后，还要对数据透视表进行美化，利用自动套用数据透视表格式可以快速地对表格进行美化。

1 将光标定位在数据透视表的任意单元格，切换到【设计】选项卡，单击【数据透视表样式】组中的【其他】按钮 。

2 在下拉列表中选择合适的数据透视表样式，这里选择【数据透视表样式浅色11】选项。

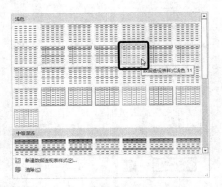

3 若要清除为数据透视表设置的自动套用样式，单击【设计】选项卡【数据透视表样式】组中的【其他】按钮 ，在下拉列表中选择【清除】选项即可。

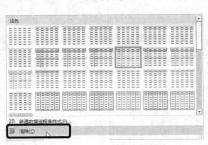

5. 分页显示数据透视表

在利用数据透视表进行数据分析时，有时会遇到数据太多不便查找的情况，这时可利用分页显示功能来将数据透视表中的每一项页字段显示在一个工作表中，方便数据的查找。

1 将光标定位在数据透视表的任意单元格，单击【选项】选项卡【数据透视表】组中的【选项】按钮 右侧的下拉按钮 ，在下拉列表中选择【显示报表筛选页】选项。

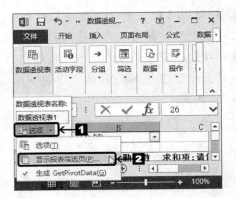

2 弹出【显示报表筛选页】对话框，在对话框中可看到在【选定要显示的报表筛选页字段】文本框中已将【员工编号】选中，单击 确定 按钮。

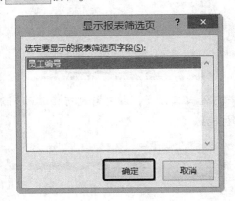

3 返回工作表，即可看到系统已将"员工编号"字段中的每个员工的出勤统计情况分页显示在以编号为名称的工作表中。

6. 创建数据透视图

数据透视图是对数据进行分析的另一个重要工具，可以利用已经创建完成的数据透视表来快速地创建数据透视图。

1 将数据透视表所在的工作表重命名为"月度考勤透视分析"，将光标定位在数据透视表的任意单元格，单击【选项】选项卡【工具】组中的【数据透视图】按钮 。

2 弹出【插入图表】对话框，在对话框中选择合适的图表类型，这里选择【三维簇状柱形图】选项。

3 单击 确定 按钮，返回工作表，调整数据透视图的位置即可。

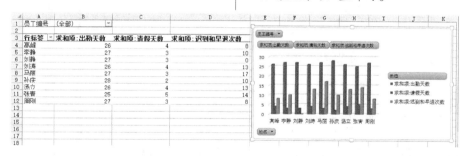

8.3 产品存货月统计表

企业在对产品生产情况和销售情况进行统计时，都要用到产品存货月统计表，以准确地了解该产品的实际销售情况，为企业决策提供正确的参考意见。

8.3.1 设计存货月统计表

存货月统计表是对每个月的产品存货情况进行统计的表单，是企业了解产品销售情况的重要途径。

本小节原始文件和最终效果所在位置如下。	
原始文件	无
最终效果	最终效果\第8章\存货月统计表01.xlsx

1. 创建月统计表

1 创建一个空白的工作簿，以"产品存货月统计表"为名保存在合适的位置，将工作表Sheet 1重命名为"存货月统计表"，并输入各列标题。

2 根据实际情况将产品存货情况输入工作表中。

3 对"产品存货月统计表"工作簿的工作表格式进行设置，设置效果如下图所示。

2. 设置条件格式

为"产品存货月统计表"中存货数量的值设置条件格式，以突出存货数量过多和过少的产品，便于查看和及时补充货物。

1 选中"D5:D17"单元格区域，单击【开始】选项卡【样式】组中【条件格式】按钮【条件格式 ▼】，在下拉列表中将鼠标指向【突出显示单元格规则】选项，在列表中选择【大于】选项。

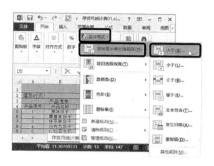

2 弹出【大于】对话框，在【为大于以下值的单元格设置格式】文本框中输入"15"，在【设置为】下拉列表中选择【黄填充色深黄色文本】选项。

3 选中"D5:D17"单元格区域，单击【开始】选项卡【样式】组中【条件格式】按钮【条件格式 ▼】，在下拉列表中将鼠标指向【突出显示单元格规则】选项，在列表中选择【介于】选项。

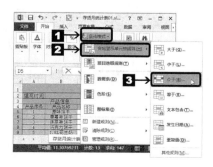

4 弹出【介于】对话框，在【为介于以下值之间的单元格设置格式】文本框中输入"8""15"，单击【设置为】下拉列表的下拉按钮 ▼，在下拉菜单中选择【自定义格式】选项。

5 弹出【设置单元格格式】对话框，在对话框中设置单元格的格式为【橙色填充色】。

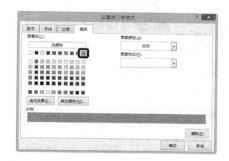

6 利用同样的方式，将存货值小于"10"的数量设置为【红色填充色】格式，设置完成后效果如下图所示。

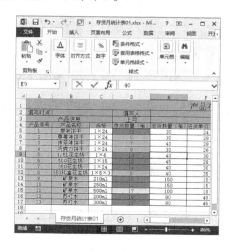

8.3.2 分析存货月统计表

对"存货月统计表"创建完成后，就要对工作表中的数据进行分析，利用公式计算出"存货月统计表"中的"进货总金额""销售总金额""剩余数量"等数据，然后为整个工作表创建一个数据透视表，对存货数据进行透视分析。

本小节原始文件和最终效果所在位置如下。

| 原始文件 | 原始文件\第8章\存货月统计表02.xlsx |
| 最终效果 | 最终效果\第8章\存货月统计表02.xlsx |

1. 计算"总额"和"数量"

创建数据透视表之前首先要对工作表中的有关数据进行计算，其中"本月进货总金额=本月进货数量*本月进货单价""本月销售总金额=本月销售数量*本月销售单价""本月剩余数量=上月存货数量+本月进货数量-本月销售数量"。

1 打开本实例的原始文件，选中G5单元格，输入公式"=E5*F5"。

2 按【Enter】键确认，即可将进货总金额计算出。

3 利用自动填充功能将余下的进货总金额填充完成。

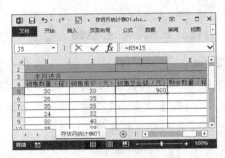

4 计算销售总额，选中J5单元格，输入公式"=H5*I5"，计算出本月的销售总金额。

5 利用自动填充功能将其他单元格的销售总金额填充完成。

6 按照上面的方法计算出"剩余数量"。

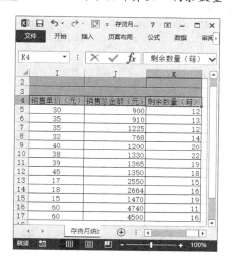

2. 创建数据透视表

将"存货月统计表"创建完成后，利用数据透视表对月存货情况进行统计分析，下面以创建数据透视表为例，具体步骤如下。

1 切换到【插入】选项卡，单击【表格】组中【数据透视表】按钮 。

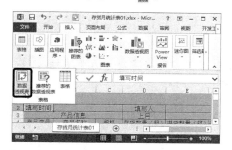

2 弹出【创建数据透视表】对话框，在【选择一个表或区域】中的【表/区域】文本框中输入"存货月统计表！$A$4:$K$17"，在【选择放置数据透视表的位置】组合框中选中【新工作表】单选按钮，单击 确定 按钮。

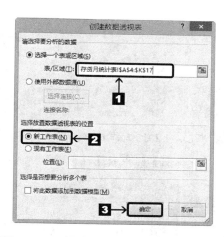

3 返回工作表即可看到创建的空白的数据透视表，在右侧【数据透视表字段列表】任务窗格中，将"产品序号"字段拖到【报表筛选】窗格中，将"产品名称"字段拖到【行标签】窗格中，将"存货数量""进货数量""销售数量""剩余数量""销售总金额"字段拖到【数值】窗格中，关闭【数据透视表字段列表】任务窗格，设置完毕，效果如图所示。

4 数据透视表创建完成，用户可以根据实际的需求，在数据透视表中查看要显示的数据，如要查看数据透视表中编号"3"的产品的存货情况，可单击【产品序号】右侧单元格的下三角按钮 ，在下拉列表中选择【3】选项即可。

高手过招

创建迷你图

1 在Excel 2013工作表中，单击【插入】选项卡【迷你图】组中的【柱形图】按钮。

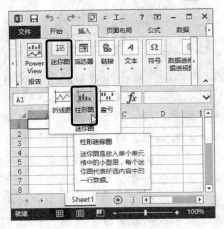

2 弹出【创建迷你图】对话框，在对话框中选择数据源和迷你图的存放位置，单击 确定 按钮即可将迷你图插入Excel工作表中。

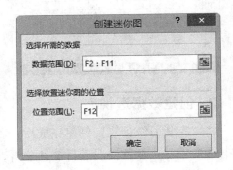

使用Excel 2013 进行屏幕截图

1 在Excel 2013工作表中单击【插入】选项卡【插图】组中【屏幕截图】按钮，在下拉列表中显示了当前所有已经打开的窗口的截图。

2 单击即可将窗口作为截图插入Excel工作表中。

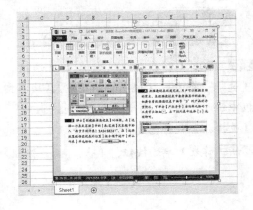

第9章

PowerPoint 2013 基础应用

PowerPoint 2013 是 Office 2013 办公应用中十分重要的组成部分，可用于各种教学、新产品介绍和员工培训等活动。本章主要介绍演示文稿的创建、编辑和美化设置等内容。

关于本章的知识，本书配套教学光盘中有相关的多媒体教学视频，请读者参见光盘中的【Office软件办公\PowerPoint 2013基础应用】。

9.1 员工培训与人才开发

现代企业对员工的培训大都采用课堂教学式，在教授的过程中 PowerPoint演示文稿是讲演者一个展示讲授内容的平台，能让课堂式的讲解变得生动有趣。

9.1.1 创建空白演示文稿

在创建各种演示文稿之前，首先要创建一个空白的演示文稿，创建空白演示文稿的方式有很多种，读者可在实际操作中根据自己的实际需要来选择。

○ 启动PowerPoint 2013程序

启动PowerPoint 2013程序，系统就会自动创建一个名为"演示文稿1"的空白演示文稿。

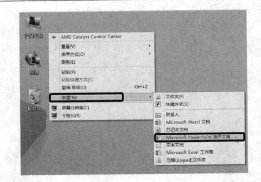

2 即可在桌面上创建一个名为"新建 Microsoft PowerPoint演示文稿.pptx"的空白演示文稿。

○ 利用右键快捷菜单

1 在桌面上单击鼠标右键，在弹出的快捷菜单中选择【新建】➤【Microsoft PowerPoint 演示文稿】选项。

9.1.2　输入演示文稿的内容

演示文稿创建完成后，就可以向演示文稿输入内容了，输入内容主要有使用占位符输入和使用文本框输入两种方法。

本小节原始文件和最终效果所在位置如下。	
原始文件	原始文件\第9章\演示文稿1.pptx
最终效果	最终效果\第9章\演示文稿1.pptx

1．使用占位符输入文本

在演示文稿中占位符是一个带有虚线或阴影线边缘的框，用户可以根据自己的需要向占位符中添加内容，如文字、图片、表格等。使用占位符输入文本是演示文稿中输入内容的主要方式之一，具体的步骤如下。

1 本实例包括3张幻灯片，打开本实例的原始文件后，就可以看到第1张幻灯片中自带的占位符。

2 单击"单击此处添加标题"占位符，示例文本消失，占位符中出现光标的插入点，即可在占位符中输入文本了，在占位符中输入"公司员工活动计划"作为标题。

3 单击占位符以外的任意位置即可退出编辑状态，在第2张幻灯片中输入员工活动的主要内容，当输入的内容占满整个窗口时，在占位符的左侧会出现【自动调整选项】按钮 ，单击按钮右侧的下三角箭头按钮 。

4 弹出下拉菜单，在下拉菜单中选择合适的选项，这里选择【根据占位符自动调整文本】选项。

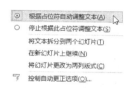

提示

【根据占位符自动调整文本】：系统根据占位符的大小来自动调整文本的大小。

【停止根据此占位符调整文本】：文本不会发生变化。

【将文本拆分到两个幻灯片】：系统根据文本的大小将文本平均拆分到两个幻灯片中。

【在新幻灯片上继续】：输入点自动跳转到下一张幻灯片上。

【将幻灯片更改为两列版式】：将占位符中文本更改为两列显示。

【控制自动更正选项】：打开自动更正功能，对文本进行调整。

2. 使用文本框输入文本

在演示文稿中输入文本的另一种重要的方式就是使用文本框输入文本,具体步骤如下。

1 选中第2张幻灯片,切换到【插入】选项卡,单击【文本】组中的【文本框】按钮，在弹出的下拉列表中选择【横排文本框】选项。

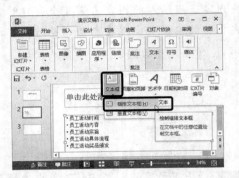

2 当鼠标指针变成"+"形状时,在要添加文本框的位置按住鼠标左键不放即可拖出一个文本框。

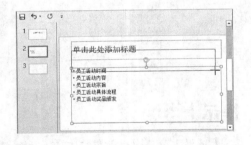

3 插入文本框后插入点随即定位在文本框中,即可在文本框中输入文本了。

4 插入的文本框四周有8个尺寸控制点,用鼠标拖动控制点可以改变文本框的宽度和高度,文本框中的文本会自动根据文本框的尺寸来自动换行。

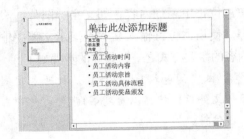

提示

用户应根据输入的文本的多少来调整文本框的大小和位置。

9.1.3 插入、移动和复制幻灯片

在创建演示文稿的过程中,必然会遇到要插入、移动和复制幻灯片的情况,掌握幻灯片的插入、移动、复制是编辑演示文稿的基础。

本小节原始文件和最终效果所在位置如下。

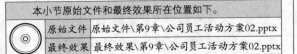

	原始文件	原始文件\第9章\公司员工活动方案02.pptx
	最终效果	最终效果\第9章\公司员工活动方案02.pptx

1. 插入幻灯片

在演示文稿中插入幻灯片的具体步骤如下。

1 打开本实例的原始文件,选中第3张幻灯片,单击【开始】选项卡【幻灯片】组中的【新建幻灯片】按钮。

> **2** 在弹出的【Office主题】列表框中选择合适的幻灯片主题单击，这里选择【空白】选项。

> **3** 返回演示文稿，即可在选中的幻灯片后面插入一张新的空白幻灯片。

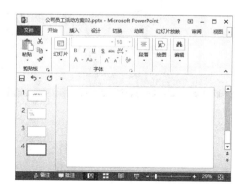

2. 移动幻灯片

用户在编辑演示文稿的过程中如遇到要对现有的幻灯片进行移动的情况，可通过以下方式来实现。

◎ 在普通视图中

> **1** 在左侧的窗格中选中要进行移动的幻灯片，按住鼠标左键不放。

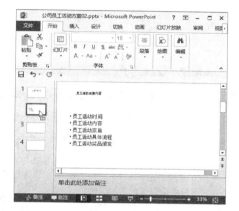

> **2** 拖动鼠标，将幻灯片拖曳到合适的位置，释放鼠标左键，即可将幻灯片移动到该位置。

◎ 在浏览视图中

> **1** 在普通视图中单击演示文稿右下角的【幻灯片浏览】按钮🔲即可将演示文稿切换到浏览视图中。

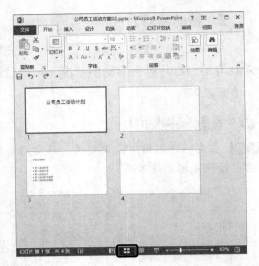

2 在幻灯片浏览视图中选中要进行移动的幻灯片，按下鼠标左键不放，将幻灯片拖曳到合适的位置，释放鼠标左键即可。

3. 复制幻灯片

在编辑演示文稿时，若两种幻灯片是相同的，可用复制的方式快速地添加一张新幻灯片。

1 在【大纲/幻灯片浏览】窗格中选中要进行复制的幻灯片，单击鼠标右键，在弹出的快捷菜单中选择【复制幻灯片】菜单项。

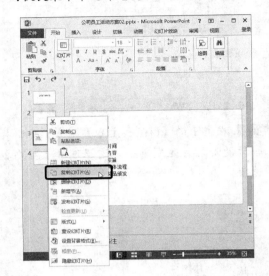

2 即可在该幻灯片的下方复制一张相同的幻灯片。

9.1.4 在幻灯片中查找和替换文本

用户有时会遇到需要大量修改相同文本的情况，这时可以利用查找、替换功能来快速地解决问题。

	本小节原始文件和最终效果所在位置如下。
原始文件	原始文件\第9章\公司员工活动方案03.pptx
最终效果	最终效果\第9章\公司员工活动方案03.pptx

1. 查找文本

1 打开本实例的原始文件，单击【开始】选项卡【编辑】组中的【查找】按钮 查找。

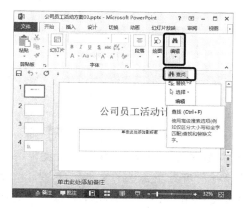

2 弹出【查找】对话框，在【查找内容】下拉列表文本框中输入要查找的内容"员工"。

3 单击 查找下一个(F) 按钮，系统将在演示文稿中查找到第1个符合条件的文本，并切换到相应的幻灯片。

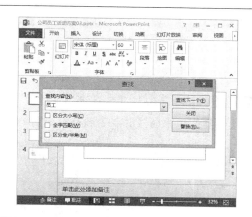

4 单击 查找下一个(F) 按钮继续查找。

5 查找完毕，系统会弹出【Microsoft PowerPoint】对话框，提示用户已经查找完成，单击 确定 按钮。

6 返回【查找】对话框，然后单击 关闭 按钮，将对话框关闭即可。

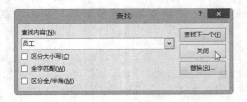

2. 替换文本

1 选中第1张幻灯片，单击【开始】选项卡【编辑】组中的【替换】按钮 abc 替换 ▼。

2 弹出【替换】对话框，在【查找内容】下拉列表文本框中输入"员工"，在【替换为】下拉列表文本框中输入"交流"。

3 单击 查找下一个(F) 按钮，系统会查找到第1个"员工"文本，单击 替换(R)... 按钮即可将第1处的"员工"替换为"交流"，并自动定位到下一处符合条件的位置。

4 若单击 全部替换(A) 按钮，则系统将一次性替换掉所有符合条件的文本。替换完成后，弹出【Microsoft PowerPoint】对话框，提示用户已经进行了几处文本的替换。

单击 确定 按钮，关闭对话框即可。

9.1.5 制作活动衡量方式规划图

要真正了解员工活动的效果，就要对员工培训和人才开发的结果进行有效的衡量，对培训衡量的方式有很多种，采用对比衡量是企业最常用的方式，它能有效地了解培训的效益。

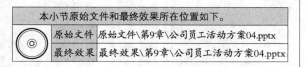

本小节原始文件和最终效果所在位置如下。

◎	原始文件	原始文件\第9章\公司员工活动方案04.pptx
	最终效果	最终效果\第9章\公司员工活动方案04.pptx

1. 输入文本内容

采用对比衡量的方式主要由以下几个方面组成：①企业专业知识测试竞赛衡量；

②对企业工作态度的改变；③活动培训评价；④专业技能的比拼。

1 打开本实例的原始文件，在最后一张幻灯片后插入3张版式为"标题和内容"的幻灯片。

2 选中第5张幻灯片，在"单击此处添加标题"占位符和"单击此处添加文本"占位符中输入相关的内容。

3 对占位符中的文本设置合适的格式，调整占位符的大小和位置。

4 按照同样的方法将其他张幻灯片的内容输入并设置成相同的格式。

2. 插入自选图形

培训衡量方式中需要插入自选图形以辅助文本内容说明问题。

1 选中第5张幻灯片，单击【插入】选项卡【插图】组中的【形状】按钮 形状，在下拉列表中选择【圆角矩形】选项。

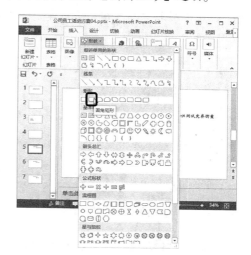

2 在幻灯片中绘制一个圆角矩形。

3 将插入的【圆角矩形】自选图形复制3次，得到4个同样的自选图形，调整好自选图形的位置。

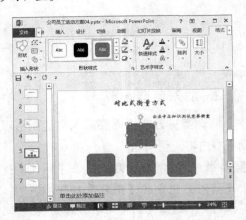

4 在自选图形中输入相应的内容，调整好自选图形的大小和位置。

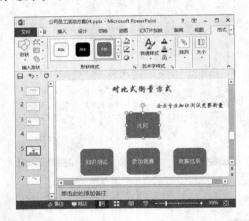

5 选中"比较"自选图形，设置其字体格式为【华文新魏】、【48】。

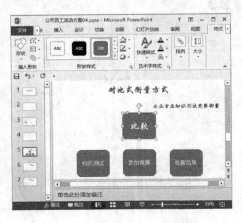

6 按照上面的方法将"知识测试""参加竞赛""竞赛结果"自选图形中的字体格式设置为【华文行楷】、【28】。

7 选中"比较"自选图形，切换到【格式】选项卡，单击【形状样式】组中【形状样式】的【其他】按钮 ⋍，在弹出的下拉列表中选择【强烈效果-蓝色，强调颜色5】选项。

8 按照同样的方法将"培训测试""参加竞赛"和"竞赛结果"自选图形的样式设置为【强烈效果-橙色，强调颜色2】。

9 选中"比较"自选图形，切换到【格式】选项卡，单击【形状样式】组中的形状效果·按钮，在其下拉列表中选择【预设】➤【预设4】选项。

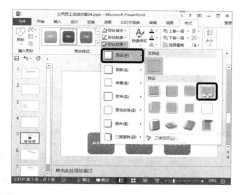

10 设置完成效果如图所示。

11 按照上面的方法将"培训测试""参加竞赛"和"竞赛结果"自选图形的效果设置为【预设】➤【预设5】。

3. 插入箭头和连接线

插入箭头

1 切换到【插入】选项卡，单击【插图】组中的【形状】按钮，在下拉列表中选择【箭头汇总】选项中的【右箭头】选项。

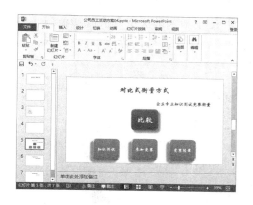

2 在幻灯片的合适位置绘制出一个向右的箭头，调整其大小，并再复制一个相同的向右的箭头，调整到合适的位置。

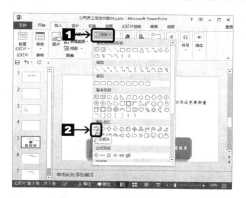

3 选中插入的两个箭头，切换到【格式】选项卡，设置其格式为【白色1轮廓，彩色填充-浅绿色】。

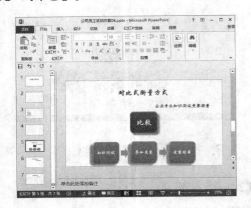

◎ 插入连接线

1 切换到【插入】选项卡，单击【插图】组中的【形状】按钮 形状▾，在下拉列表中选择【线条】➤【肘形箭头连接符】选项。

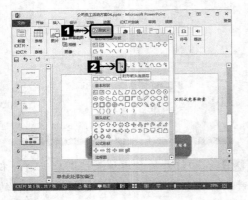

2 将鼠标指向"知识测试"自选图形，这时自选图形的四周出现4个红色的连接点，在其中一个连接点上按住鼠标左键不放，向"比较"自选图形拖动，当鼠标指针指向"比较"自选图形时，其四周出现4个红色的连接点，在其中一个连接点出释放鼠标，即可将两个图形连接在一起。

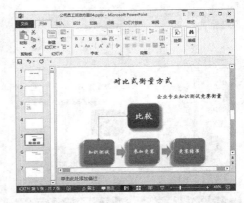

3 按照同样的方法，为 "竞赛结果"和 "比较"自选图形添加连接符。

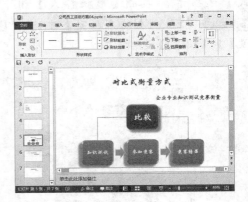

4 选中两个连接符，切换到【格式】选项卡，单击【形状样式】组中【形状样式】的【其他】按钮，在下拉列表中选择【粗线-强调颜色2】选项。

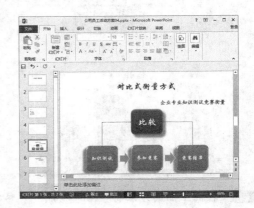

5 按照上面的方法将其他幻灯片的效果设置好，效果如下图所示。

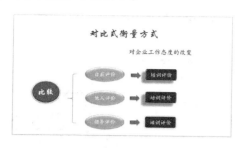

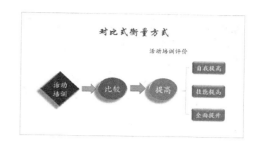

9.1.6 培训需求分析与计划流程

　　培训需求分析与计划是指企业在组织员工培训之前对员工进行考核，通过对考核成绩的分析，确定培训的目的和培训内容的过程。培训需求分析与计划的好坏直接影响到培训效果的好坏，因此制定一份合理的培训需求分析和计划是十分必要的。本小结以使用组织结构图的方法来制作培训需求分析与计划流程。

本小节原始文件和最终效果所在位置如下。	
原始文件	原始文件\第9章\公司员工活动方案05.pptx
最终效果	最终效果\第9章\公司员工活动方案05.pptx

1. 输入组织结构图标题

1 打开本实例的原始文件，在第4张幻灯片的后面插入一张版式为"标题和内容"的新幻灯片。

2 在"单击此处添加标题"占位符中输入组织结构图的标题"培训需求分析与计划流程"文本，设置文本字体为【华文新魏】，字号为【48】，艺术字格式设置为【填充红色，文字效果，阴影向左偏移】。

2. 插入组织结构图

1 选中第5张幻灯片，选中"单击此处添加文本"占位符，切换到【插入】选项卡，单击【插图】组中的 SmartArt 按钮。

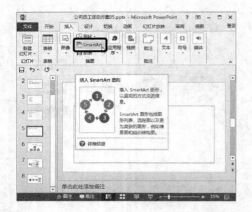

2 弹出【选择SmartArt图形】对话框，在左侧窗格中选择【层次结构】选项，在中间【层次结构】列表框中选择合适的样式，这里选择【水平层次结构】选项，此时可在右侧预览窗格中预览到插入的组织结构图的预览效果。

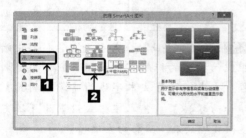

3 单击 确定 按钮，即可为幻灯片添加一个组织结构图。

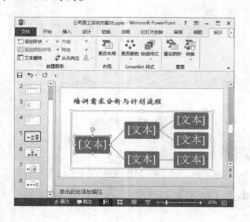

4 选中第2层左侧的图形，单击鼠标右键，在弹出的快捷菜单中选择【添加形状】/【在下方添加形状】选项。

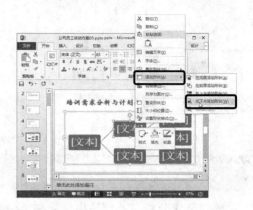

5 即可在其下方添加一个结构图形。

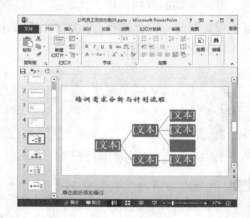

6 在图形框中输入相应的内容，设置字体格式为【华文行楷】、【36】，设置效果如下图所示。

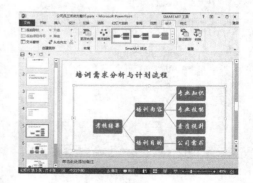

3. 设置组织结构图格式

PowerPoint 2013自带有很多组织结构图样式，用户可以利用这些样式来为组织结构图快速地设置样式，也可以对组织结构图进行自定义设置。

◎ 自动套用组织结构图样式

1 选中组织结构图，切换到【设计】选项卡，单击【SmartArt样式】组中【样式】列表的【其他】按钮 ▾。

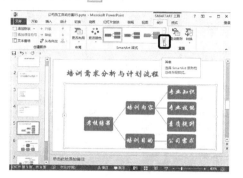

2 在弹出的下拉列表中选择合适的样式，这里选择【强烈效果】选项。

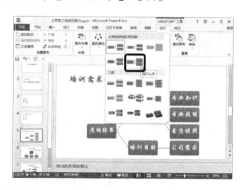

3 返回幻灯片，即可为SmartArt图形设置好格式。

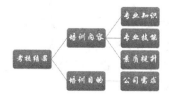

◎ 自定义组织结构图样式

1 选中要设置自定义样式的图形，这里选择第1层后面的形状，单击【形状样式】组中的【样式】列表的【其他】按钮 ▾，弹出下拉列表。

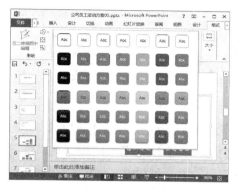

2 在下拉列表中选择合适的样式，这里选择【强烈效果–橙色，强调颜色2】选项，即可将选中的图形设置为【强烈效果–橙色，强调颜色2】效果。

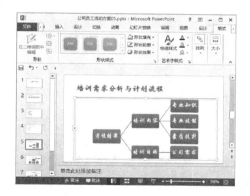

3 按照以上方法，将第2层的图形设置为【强烈效果–蓝色，强调颜色5】效果，第3层图形设置为【强烈效果–绿色，强调颜色6】效果。

9.1.7 员工培训成绩分析

要想了解公司培训的效果如何，就要对员工的培训成绩进行分析，通过对员工培训成绩的分析找到培训工作的不足，来指导今后的培训工作。在对员工培训成绩分析的过程中，插入图表是常用的分析方法之一。

本小节原始文件和最终效果所在位置如下。

| 原始文件 | 原始文件\第9章\员工培训06.pptx |
| 最终效果 | 最终效果\第9章\员工培训06.pptx |

1. 插入图表

在PowerPoint 2013中可以通过工具栏和占位符两种方法来插入图表，利用工具栏插入图表的方法与在Word中的方法相同，下面以利用占位符插入图表为例。

1 打开本实例的原始文件，在第8张幻灯片的后面插入一张格式为"标题和内容"的空白幻灯片。

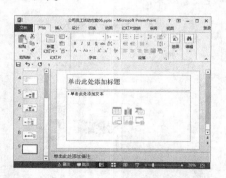

2 单击"单击此处添加文本"占位符中的【插入图表】按钮 图表，弹出【插入图表】对话框，在对话框中选择合适的图表形式，这里选择【三维簇状柱形图】选项，单击 确定 按钮。

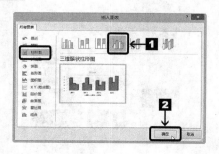

3 随即在幻灯片中插入一个三维簇状柱形图，同时弹出一个名为"Microsoft PowerPoint中的图表"的Excel工作簿。

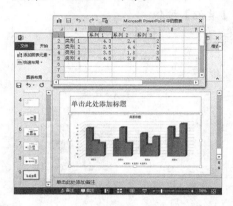

4 关闭Excel工作簿即可退出图表的编辑状态。

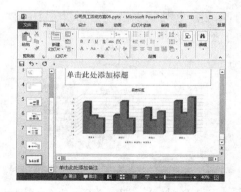

2. 更改图表中的数据

在插入的图表中显示的数据是系统默认的数据，要使图表显示员工培训成绩的有关数据，就要对图表的数据源进行更改。

1 选中第9张幻灯片中插入的图表，单击鼠标右键，在弹出的快捷菜单中选择【编辑数据】选项。

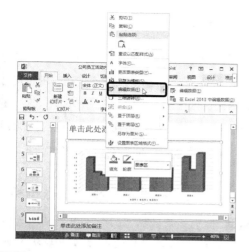

3. 更改图表类型

1 选中插入的图表，单击鼠标右键，在弹出的快捷菜单中选择【更改图表类型】菜单项。

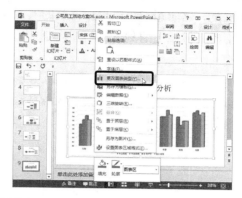

2 随即弹出"Microsoft PowerPoint中的图表"工作簿，图表进入编辑状态，然后在图表中输入员工培训成绩的有关数据，同时图表中的相应内容也会发生变化。

3 输入完成后，关闭工作簿，选中"单击此处添加标题"占位符，输入幻灯片的标题"员工培训成绩分析"。

员工培训成绩分析

2 弹出【更改图表类型】对话框，在对话框中选择【折线图】➤【带数据标记的折线图】选项，单击 确定 按钮。

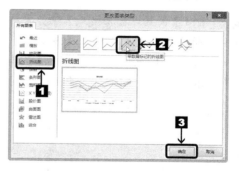

3 即可将原来的簇状柱形图更改为带数据标记的折线图。

员工培训成绩分析

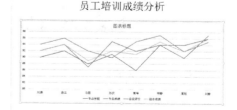

4. 更改坐标轴刻度

在PowerPoint 2013中插入的图表中坐标轴上的刻度默认是包括数据系列的最大值和最小值，但有时在实际操作中会使图表变得混乱，这时用户可以根据自己的实际需要来更改坐标轴上的刻度，使图表更加规范、美观。

1 选中垂直坐标轴，单击鼠标右键，在弹出的快捷菜单中选择【设置坐标轴格式】选项。

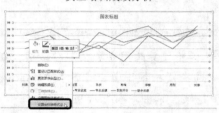

员工培训成绩分析

2 弹出【设置坐标轴格式】任务窗格，在【坐标轴选项】列表中设置【最小值】，并在其后面的文本框中输入"80"，在【最大值】文本框中输入"100"，关闭对话框。

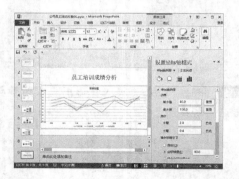

3 返回幻灯片，即可看到图表中垂直坐标轴上的刻度已经发生了变化。

员工培训成绩分析

5. 设置数据系列格式及数据标签

1 选中一条数据系列线，单击鼠标右键，在弹出的快捷菜单中选择【设置数据系列格式】选项。

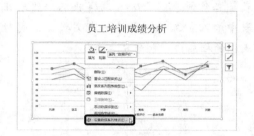

员工培训成绩分析

2 弹出【设置数据系列格式】任务窗格，单击列表中的线条填充 按钮，在线条下拉列表中选中【实线】单选按钮，单击【颜色】右侧填充按钮 ，在下拉列表中选择【绿色】选项。

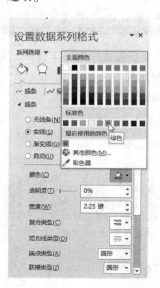

3 在【线条】下拉列表的【宽度】微调框中输入"3磅"，单击【短划线类型】右侧的下拉按钮▾，在下拉列表中选择【短划线】选项。

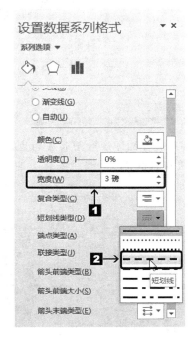

4 关闭对话框，返回幻灯片，即可看到为数据系列设置的格式效果。

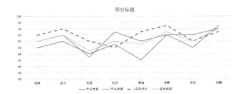

5 按照以上方法对其他几条数据系列格式进行相应的设置。

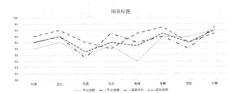

6 显示数据系列相关的数据，选中数据系列线，单击鼠标右键选择【添加数据标签】，在下拉列表中选择合适的选项即可，在【设置数据标签格式】中这里选择【靠上】单选按钮，即可在数据系列线的上方显示有关数据。

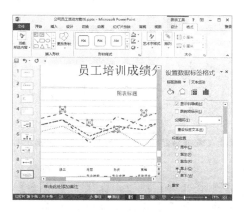

6. 设置图表选项

1 选中插入的图表，切换到【格式】选项卡，在【当前所选内容】组中单击【图表元素】文本框右侧的下拉箭头，在下拉列表中选择【图表区】选项。

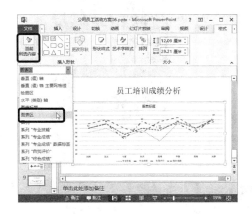

2 单击【当前所选内容】组中的【设置所选内容格式】按钮 设置所选内容格式，随即弹出【设置图表区格式】任务窗格。

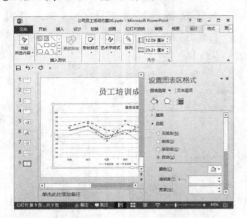

3 在【设置图表区格式】任务窗格中，单击【文本选项】按钮，在【文本填充】下拉列表中选中【图片或纹理填充】单选按钮，再单击【纹理】按钮 ，在下拉列表中选择合适的填充纹理，这里选择【信纸】选项，其他保持默认选项。

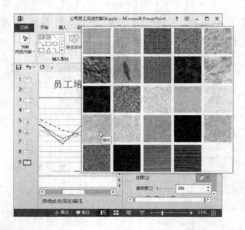

4 在【文本选项】下拉列表中【文本边框】中选择【实线】单选按钮，再单击下面的【颜色】按钮 ，在下拉列表中选择【黑色，文字1】选项。

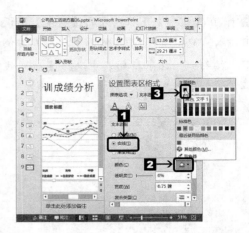

5 按照同样的方法对图表区的边框样式、阴影样式进行相应的设置，最终效果如下。

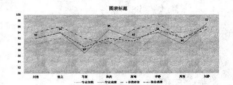

7. 设置网格线格式

1 选中插入的图表，然后选中表格中的网格线，单击鼠标右键，在下拉列表中选择【设置网格线格式】。

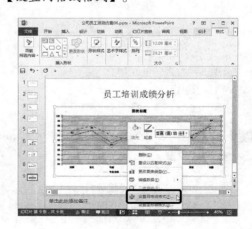

2 弹出【设置主要网格线格式】任务窗格，单击【填充线条】按钮，在【线条】选项卡中选中【无线条】单选按钮。

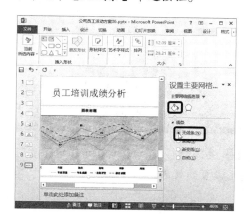

3 选中插入的图表切换到【设计】选项卡，在【图表布局】中单击添加图表元素按钮，在下拉列表中选择【网格线】中的【主轴主要垂直网格线】。

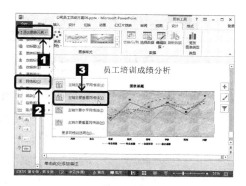

4 返回幻灯片即可看到设置的网格线格式。

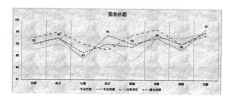

5 选中图表，单击【当前所选内容】组中【图表元素】文本框右侧的下拉按钮▼，在下拉列表中选择【水平（类别）轴，主要网格线】选项，然后单击【设置所选内容格式】按钮 设置所选内容格式 。

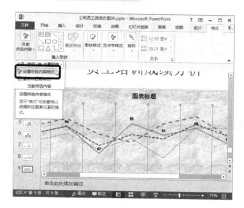

6 弹出【设置主要网格线格式】任务窗格，单击【填充线条】按钮，在【线条】选项卡中选择【实线】单选按钮，然后单击【颜色】按钮，在下拉列表中选择【蓝-灰，文字2】选项，【宽度】微调框中输入合适的线条宽度，这里输入"1"，其他保持默认选项不变。

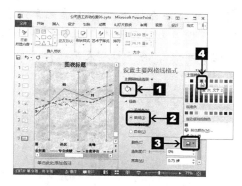

7 关闭对话框，返回幻灯片即可看到设置的网格线的效果。

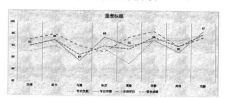

8 按照同样的方法将横网格线设置完成，效果如下图所示。

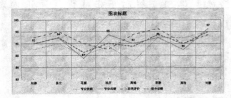

8. 设置绘图区格式

1 按照上面的方法打开【设置绘图区格式】任务窗格。

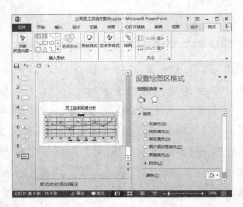

2 在设置绘图区格式的【填充】组合框中选择【图片或纹理填充】填充，然后单击【纹理】按钮，在下拉列表中选择【画布】选项。

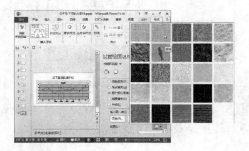

3 在【填充线条】选项中找到【边框】选项，选中【无线条】单选按钮。

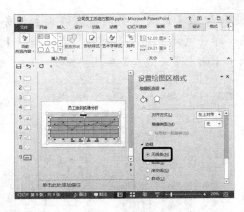

4 关闭对话框，返回幻灯片即可看到为绘图区设置的效果。

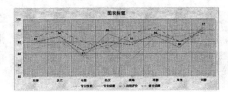

9. 使用圆形图形和文本框绘制图表的其他内容及输入相关文本

1 切换到【插入】选项卡，单击【插图】组中的【形状】按钮 形状，在下拉列表中选择【基本形状】中的【椭圆】选项。

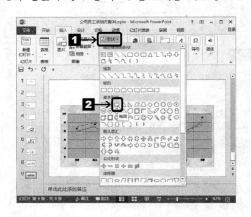

2 绘制图形的同时按住【Shift】键，即可在幻灯片中绘制出一个大小合适的圆形图形。

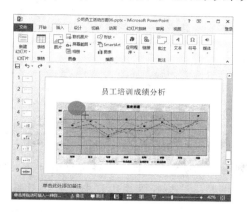

3 选中绘制的图形，设置其样式格式为【强烈效果－绿色，强调颜色6】，形状效果为【预设】➤【预设4】。

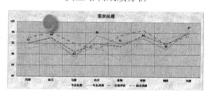

4 将设置好格式的图形复制6个，并调整其位置。

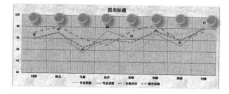

5 在图形中输入相应的文字，并设置文字的字号为【28】，字体颜色为【紫色】，设置效果如下。

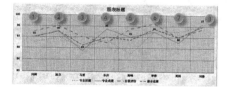

9.2 员工绩效考核方案设计

对员工的业绩进行考核是企业掌握公司运营情况的重要途径，在掌握员工业绩的前提下制定符合本公司实际的管理方案，可以指导公司更好地发展。

9.2.1 编辑幻灯片标题

编辑幻灯片标题是制作演示文稿的第一步。

本小节原始文件和最终效果所在位置如下。	
素材文件	素材文件\第9章\01.png、02.png
原始文件	原始文件\第9章\员工绩效考核01.pptx
最终效果	最终效果\第9章\员工绩效考核01.pptx

1 创建一个空白的演示文稿，将演示文稿重命名为"员工绩效考核方案"，将第一张幻灯片的格式设置为"标题幻灯片"，选中"单击此处添加标题"占位符，在占位符中输入演示文稿的标题"员工绩效考核方

案"，在"单击此处添加副标题"占位符中，输入幻灯片的副标题"天地乾坤酒业有限公司"。

员工绩效考核方案

天地乾坤酒业有限公司

2 选中演示文稿的标题，将其格式设置为【华文楷体，60，蓝色，着色5，深色50%】，选中演示文稿的副标题，将其格式设置为【华文行楷，32，绿色，着色6，深色50%】，设置效果如下。

员工绩效考核方案

天地乾坤酒业有限公司

3 切换到【插入】选项卡，单击【插图】组中的【图片】按钮 📷，随即打开【插入图片】对话框，从中找到合适的图片。

4 单击 插入(S) ▼ 按钮，即可将图片插入到幻灯片中，调整好图片的大小位置，效果如图所示。

9.2.2 使用项目符号和编号

在幻灯片中使用项目符号和编号可以使幻灯片的内容更加条理有序，增加幻灯片的可读性。

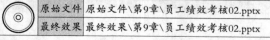

本小节原始文件和最终效果所在位置如下。	
原始文件	原始文件\第9章\员工绩效考核02.pptx
最终效果	最终效果\第9章\员工绩效考核02.pptx

1 打开本实例的原始文件，在第1张幻灯片后插入两张"标题和内容"的新幻灯片。

2 切换到【设计】选项卡，单击【主题】列表框下方的【其他】按钮▼，在弹出的列表框中选择合适的主题，这里选择【平面】选项。

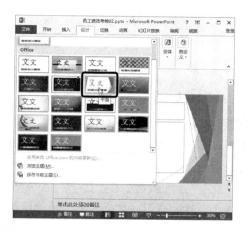

3 返回幻灯片，即可为幻灯片切换主题成功。

4 在幻灯片中输入文本，设置好文本的字体格式，效果如下图所示。

提示

在占位符中输入文字时，系统会自动地为文字添加项目符号和编号，要想取消系统自动添加的项目符号和编号，可单击 文件 按钮，在下拉菜单中选择【选项】菜单项，弹出【PowerPoint选项】对话框，在对话框左侧窗格中单击 校对 按钮，再单击右侧窗格中的 自动更正选项(A)... 按钮，弹出【自动更正】对话框，在对话框中将【自动项目符号和编号列表】复选框取消，然后单击 确定 按钮即可。

5 按照上面的方法在第3张幻灯片中输入相关的内容，并设置好文本的字体格式。

6 将光标定位在要插入项目符号和编号的段落前，切换到【开始】选项卡，单击【段落】组中的【项目符号】按钮≡·右侧的下拉按钮▼，在下拉列表中选择【项目符号和编号】选项。

7 弹出【项目符号和编号】对话框，在列表框中选择合适的项目符号，单击 确定 按钮。

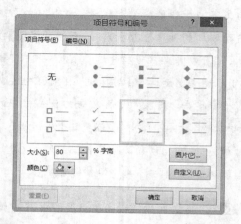

8 关闭【项目符号和编号】对话框，返回幻灯片，即可看到在幻灯片中插入的项目符号。

9 在第3张幻灯片后插入一张新幻灯片，输入内容并设置相应的格式，选中需要添加编号的段落，单击【开始】选项卡【段落】组中【编号】按钮 右侧的下拉按钮 ，在其下拉列表中选择【项目符号和编号】选项。

10 弹出【项目符号和编号】对话框，切换到【编号】选项卡，在列表框中选择合适的编号样式，在【起始编号】微调框中输入"1"，单击【颜色】按钮 ，在下拉列表中选择合适的颜色，然后单击 确定 按钮。

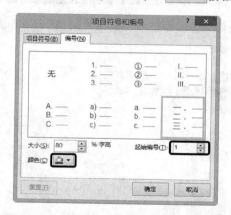

11 返回幻灯片即可看到插入的编号。

9.2.3 绘制图形

图形是幻灯片中不可缺少的一部分，幻灯片中的图形可以增加幻灯片的表现力和说服力。

本小节原始文件和最终效果所在位置如下。

原始文件	原始文件\第9章\员工绩效考核03.pptx
最终效果	最终效果\第9章\员工绩效考核03.pptx

1. 绘制图形

1 打开本实例的原始文件，在第4张幻灯片后插入一张新的幻灯片，在幻灯片中输入标题"考核执行步骤"，设置好字体格式，将"单击此处添加文本"占位符删除。

考核执行步骤

2 在幻灯片中绘制6个圆角矩形，选中绘制的圆角矩形，设置其图形格式为【预设】➤【预设4】，【其他主题填充】➤【样式10】，调整好图形的大小和位置，效果如下图所示。

3 在自选图形中输入相应的文字。

4 选中自选图形，设置自选图形上的文字艺术字格式为【渐变填充–水绿色，着色4，轮廓着色4】。

5 在幻灯片中分别绘制2个向右、2个向左和1个向下的箭头图形，设置好箭头的格式，调整好箭头的大小和位置。

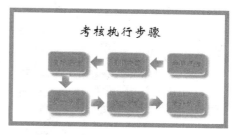

6 按照以上方法绘制完成其他幻灯片的自选图形，效果如下图所示。

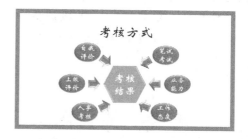

2. 设置图形三维效果

为插入的自选图形设置三维效果可以增加图形的立体感，使图形更加美观。

1 选中第6张幻灯片中的"笔试考试"自选图形，切换到【格式】选项卡，单击【形状样式】组中的【形状效果】按钮 形状效果▾，在其下拉列表中选择【预设】➤【预设12】选项。

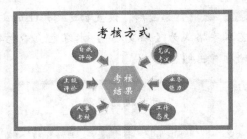

2 选中"笔试考试"自选图形，选择【形状效果】下拉列表中的【三维旋转】▶【三维旋转选项】选项。

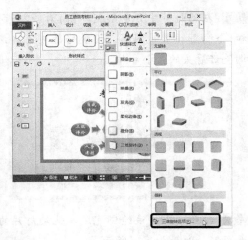

3 弹出【设置形状格式】任务窗格，在【旋转】选项中的【X(X)】微调框中输入"40"，在【透视】微调框中输入"90"。

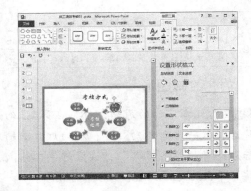

4 关闭任务窗格，效果如图所示。

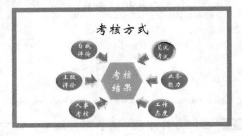

5 按照以上方法将其他自选图形的三维效果设置完成，效果如下。

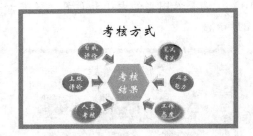

9.2.4 插入"员工绩效考核评估表"

在说明复杂问题时，运用表格能增加幻灯片的条理性；用数据说话，使演讲者能简洁明了地说明问题。

本小节原始文件和最终效果所在位置如下。	
原始文件	原始文件\第9章\员工绩效考核04.pptx
最终效果	最终效果\第9章\员工绩效考核04.pptx

1. 插入表格

1 打开本实例的原始文件，在第6张幻灯片后面插入一张"仅标题"的幻灯片，在幻

灯片中输入标题"员工绩效考核评估表"，设置好标题的字体格式。

2 切换到【插入】选项卡，单击【表格】组中的【表格】按钮，从弹出的下拉列表中选择【插入表格】选项。

3 弹出【插入表格】对话框，在【列数】微调框中输入"4"，在【行数】微调框中输入"8"，然后单击 确定 按钮。

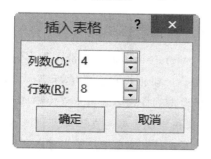

4 返回幻灯片，即可在幻灯片中插入一个8行4列的表格。

2. 合并单元格

1 选中需要进行合并的单元格，单击鼠标右键，在弹出的快捷菜单中选择【合并单元格】选项。

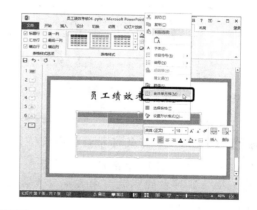

2 返回幻灯片，即可将选中的单元格合并成功。

3 按照以上方法将表格中需要合并的单元格合并完成。

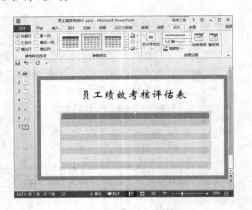

3. 调整表格的行高和列宽

1 在表格中输入有关的内容，并设置好文字的字体格式。

2 调整列宽。将鼠标指针移向表格第1列的右侧边框，当鼠标指针变成"╫"形状时，按住鼠标左键不放，向右拖动至合适的宽度，释放鼠标。

3 按照以上方法对其他列的宽度进行调整。

4 调整行高。将鼠标指针移向第1行下边框上，当鼠标指针变成"╪"形状，按住鼠标左键不放向下拖动至合适的行高，释放鼠标左键。

5 按照以上方法，将其他行的行高调整完成，调整好表格的大小和位置。

4. 设置表格格式

PowerPoint 2013自带了很多表格的样式，用户可以根据自己的实际需要来选择套用系统自带的样式或者自定义表格格式。

1 套用系统自带的表格样式。选中表格，切换到【设计】选项卡，单击【表格样式】组中【样式】列表框右侧的【其他】按钮 ，在弹出的【全部】列表框中选择合适的表格样式，这里选择【中度样式1-强调6】选项。

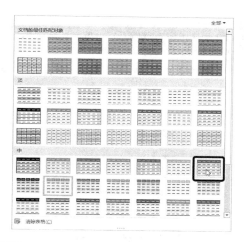

2 返回文档，即可看到设置的表格样式。

3 清除样式。要清除设置的表格样式，首先选中表格，切换到【设计】选项卡，单击【表格样式】组中【样式】列表框右侧的【其他】按钮，在弹出的下拉列表中选择【清除表格】选项，即可将设置的表格样式清除。

4 自定义表格格式。将设置的表格格式清除，选中表格的第1行单元格区域，切换到【设计】选项卡，单击【表格样式】组中【底纹】按钮右侧的下拉按钮，在下拉列表中选择合适的底纹填充颜色，这里选择【橙色，着色3，深色25%】选项。

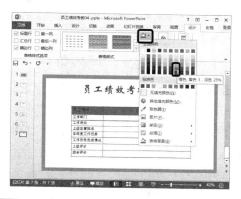

5 返回幻灯片即可看到设置的表格格式。

6 按照上面的方法将其他单元格的格式设置好，效果如下图所示。

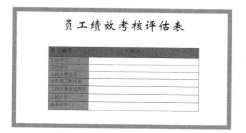

9.2.5　设置自定义动画

在放映演示文稿前，用户可以对演示文稿中的文字、图片等添加自定义动画，使演示文稿在播放的过程中动起来，增加演示文稿的播放效果。

	本小节原始文件和最终效果所在位置如下。
原始文件	原始文件\第9章\员工绩效考核05.pptx
最终效果	最终效果\第9章\员工绩效考核05.pptx

1. 设置自定义动画效果

1 打开本实例的原始文件，选中第1张幻灯片的"员工绩效考核方案"占位符，切换到【动画】选项卡，单击【动画】组中【动画样式】列表框右侧的【其他】按钮，在下拉列表中选择合适的动画样式，这里选择【进入】选项中的【飞入】选项。

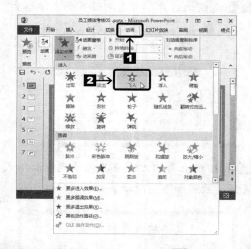

2 这时【效果选项】按钮处于编辑状态，单击此按钮，在下拉列表中选择合适的效果选项，这里选择【自左侧】选项。

3 单击【计时】组中的【开始】列表框右侧的下拉按钮，在其下拉列表中选择【单击时】选项，在【持续时间】微调框中输入"01.00"，其他选项保持默认设置不变。

4 选中"天地乾坤酒业有限公司"占位符，单击【动画样式】列表框右侧的【其他】按钮，在下拉列表中选择【进入】选项中的【翻转式由远及近】选项。

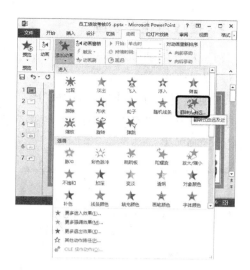

5 选中插入的图片，按照上面的方法在弹出的【动画样式】下拉列表中选择【更多进入效果】选项，随即弹出【更改进入效果】对话框。

6 在对话框中选择合适的动画效果，这里选择【细微型】选项中的【缩放】选项，单击 确定 按钮。

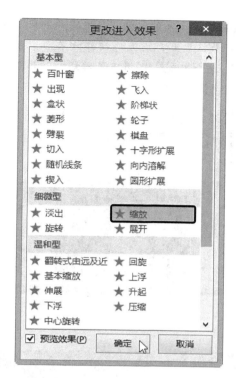

7 调整动画播放顺序，选中"天地乾坤酒业有限公司"占位符，这时为此占位符添加的动画处于编辑状态，单击【动画窗格】任务窗格下方的【上移】按钮 ，即可将此对象的动画顺序上移，将其移至"标题1"之后。

8 按照上面的方法将其他图片和文本的动画效果设置好，设置好动画效果后，在【幻灯片/大纲浏览】窗格中可看到幻灯片下方出现【预览】按钮★。

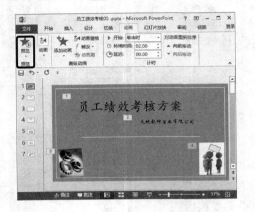

2. 播放自定义动画

对幻灯片的动画效果设置完成后，可播放自定义动画来观看动画效果。

切换到要进行动画放映的幻灯片，单击【预览】组中的【预览】按钮★，即可预览设置的动画效果。

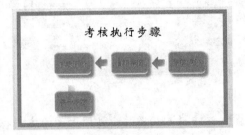

9.2.6 另存为模板

如用户想对设计好的演示文稿重复使用，可以将其另存为模板，便于以后直接使用。

本小节原始文件和最终效果所在位置如下。	
原始文件	原始文件\第9章\员工绩效考核06.pptx
最终效果	最终效果\第9章\员工绩效考核.potx

1 打开本实例的原始文件，单击 文件 按钮，在弹出的下拉菜单中选择【另存为】菜单项。

2 弹出【另存为】对话框，在【文件名】下拉列表文本框中输入要保存的模板的名称，在【保存类型】下拉列表中选择【PowerPoint模板（*.potx）】选项，选择好保存的位置。然后单击 保存(S) 按钮。

3 返回到演示文稿，此时演示文稿的标题栏变成了"员工绩效考核方案.potx－Microsoft PowerPoint"。

4 另存为模板后即可在新建幻灯片时选择自己保存的模板。

高手过招

快速调整图表大小

1 选中图表，切换到【格式】选项卡，在高度和宽度微调框中输入合适的数值。

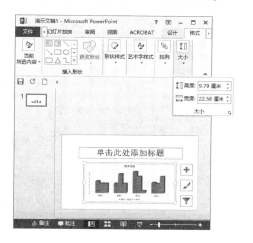

2 返回幻灯片即可看到设置的图表大小的效果了。

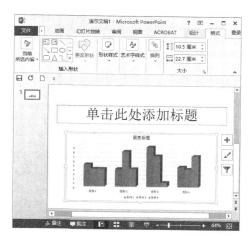

设置默认文本框

在制作演示文稿时，如果需要对添加的多个相同的文本框设置相同的固定样式，用户可以将该文本框设置成默认的文本框格式，以方便用户使用。

1 在演示文稿中插入一个文本框，设置好该文本框的格式，然后选中该文本框，单击鼠标右键，在弹出的快捷菜单中选择【设置为默认文本框】菜单项。

2 即可将该文本框设置成默认的文本框，再次在幻灯片中插入文本框时，系统会自动地将文本框的格式显示为默认文本框的样式。

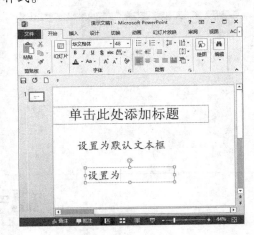

第10章

PowerPoint 2013
高级应用

放映演示文稿是制作的最终目的，在放映的过程中动画是必不可少的，丰富多彩的动画能增加演示文稿的表现力。生动的动画可以表现作者的意图，增加演示文稿的观赏效果，传达讲演者的讲演目的。

光盘链接

关于本章的知识，本书配套教学光盘中有相关的多媒体教学视频，请读者参见光盘中的【Office软件办公\PowerPoint 2013高级应用】。

10.1 制作产品销售推广方案

产品销售方案是企业在推出新产品之前制定有关产品推销活动的一系列方案，它能促使推销活动顺利地进行。

10.1.1 制作产品销售推广方案母版

幻灯片母版是存储有关演示文稿的设计母版的有关信息的幻灯片，运用幻灯片母版能快速地为演示文稿添加统一的样式，也可以快速地修改演示文稿中所有幻灯片的格式。

本小节原始文件和最终效果所在位置如下。	
素材文件	素材文件\第10章\01.jpg、02.png、03.png
原始文件	无
最终效果	最终效果\第10章\产品销售方案01.pptx

1. 设置幻灯片母版背景

1 新建一个空白的演示文稿，将其重命名为"产品销售方案01"，并将其保存在合适的位置，为演示文稿添加一张"标题幻灯片"。

2 切换到【视图】选项卡，单击【母版视图】组中的【幻灯片母版】按钮 幻灯片母版，随即幻灯片进入"幻灯片母版视图"状态。

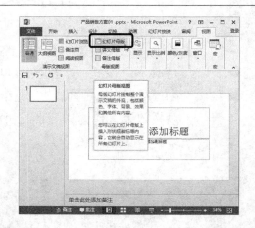

3 为幻灯片母版设置背景，单击【幻灯片母版】选项卡【背景】组中的【背景样式】按钮 背景样式，在其弹出的下拉列表中选择【设置背景格式】选项。

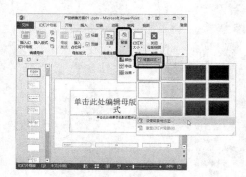

4 随即弹出【设置背景格式】任务窗格，选中对话框中间窗格中的【图片或纹理填充】单选按钮，然后单击 文件(F)... 按钮。

5 在随即弹出的【插入图片】对话框中选择需要插入的背景图片，这里选择01.jpg，然后单击 插入(S) ▼ 按钮。

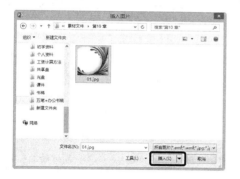

6 关闭【设置背景格式】任务窗格，返回幻灯片即可看到为幻灯片设置的背景格式。

2. 插入自选图形及文本框

1 切换到【插入】选项卡，单击【插图】组中的【形状】按钮 形状▼，在弹出的下拉列表中选择【基本形状】中的【椭圆】选项。

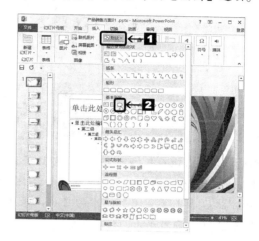

2 在母版幻灯片的合适位置绘置1个圆形，并复制出3个相同的圆形，调整好圆形的位置，效果如下图所示。

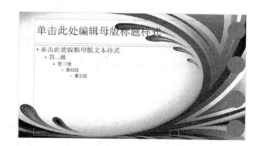

3 将其格式设置为【彩色轮廓-橙色，强调颜色2】，调整好图形的大小和位置，效果如下图所示。

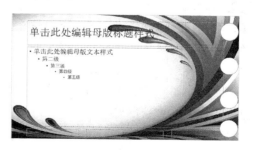

4 在自选图形中输入文字，并设置文字的格式为【渐变填充-蓝色，着色1，反射】，文字颜色为【蓝色，着色2，淡色60%】，效果如下图所示。

5 在幻灯片中插入图片，这里将图片02.png、03.png插入，调整好图片的大小和位置，然后单击【关闭】组中的【关闭母版视图】按钮，即可退出幻灯片母版状态。

3. 设计标题母版

标题幻灯片是演示文稿的第1张幻灯片，用于放置演示文稿标题的幻灯片，它能清晰地向观看者展示演示文稿要表达的内容，是演示文稿中十分重要的部分。

1 切换到"幻灯片母版视图"状态，在【幻灯片/大纲浏览】窗格中幻灯片母版后面的就是标题母版，选中标题母版，将"单击此处添加标题"占位符删除，在幻灯片中插入一个文本框，在文本框内输入文字"夏季清凉"，设置好文字的格式。

2 在幻灯片中插入一个文本框，在文本框中输入"水果"，设置好文本框的格式。

3 按照同样的方法在幻灯片中插入"饮品"文本框，设置好文本框的格式，效果如下图所示。

4 在幻灯片中绘制一个空心弧形，设置好图形的格式，调整好图形的大小和位置。

5 在幻灯片中插入图片，这里选择02.png、03.png，调整好图片的大小和位置，效果如下图所示。

6 至此幻灯片的母版设计完成，退出幻灯片母版状态。

10.1.2 设计产品销售方案的内容

产品销售方案主要由标题、主要产品、销售记录、请联系我们等幻灯片组成，下面以"夏季清凉水果饮品"产品的销售方案为例，设计产品销售方案。

本小节原始文件和最终效果所在位置如下。	
素材文件	素材文件\第10章\04.png~12.png
原始文件	原始文件\第10章\产品销售方案02.pptx
最终效果	最终效果\第10章\产品销售方案02.pptx

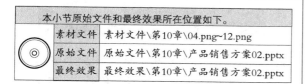

1. 设计"主要产品"幻灯片

1 在幻灯片中绘制一个爆炸形1自选图形，设置好图形的格式，并调整好图形的大小和位置，效果如下图所示。

2 选中自选图形，在图形中输入文字"新产品上市"，并设置好文字的字体格式。

3 在第1张幻灯片后插入一张新的"标题和内容"幻灯片。

4 在"单击此处添加标题"占位符中输入文字"主要产品",设置好文字的字体格式,将"单击此处添加文本"占位符删除。

5 在幻灯片中插入图片04.png~06.png,调整好图片的大小和位置,效果如下图所示。

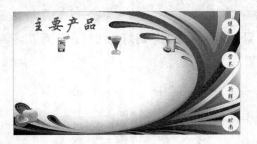

6 在幻灯片中插入一个2行6列的表格。

7 调整好表格的大小,设置好表格的格式,效果如下图所示。

8 在幻灯片中绘制3个云形标注自选图形,调整好图形的大小和位置。

9 在云形标注图形中输入相应的文字,并设置好图形和文字的格式,效果如下图所示。

10 在幻灯片的表格中输入销售的主要产品的相关内容,并设置好文字的格式,效果如下图所示。

11 按照上面的方法将其他主要产品的幻灯片设计完成。

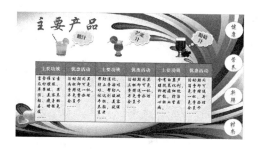

2. 设计"销售记录"幻灯片

1 在演示文稿中插入一张新的"仅标题"幻灯片。

2 在"单击此处添加标题"占位符中输入幻灯片的标题"销售记录",并设置好文字的字体格式,效果如下图所示。

3 在幻灯片中插入一个图表。

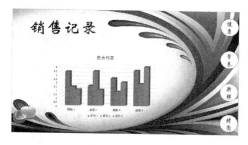

4 根据产品的实际销售情况编辑好图表的数据,设置好图表的格式,效果如下图所示。

3. 设计"联系我们"幻灯片

1 在演示文稿中插入一张"空白"幻灯片。

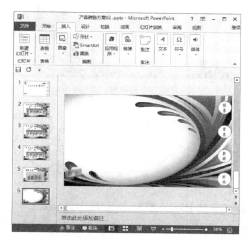

2 在幻灯片中插入一个文本框,在文本框内输入文字"联",设置好字体格式。

3 在幻灯片中插入一个文本框，在文本框内输入文字"系"，设置好字体格式。

4 在幻灯片中插入一个文本框，在文本框中输入文字"我们"，设置好字体格式。

5 在幻灯片中绘制一个5行2列的表格，调整好表格的行高和列宽。

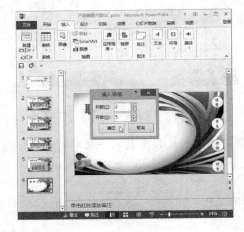

6 设置好表格的格式，如下图所示。

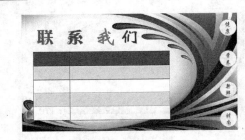

7 在表格内输入公司的有关联系方式，并设置好相应的字体格式。

10.1.3 设置动画

动画是幻灯片放映的核心，丰富的动画效果能增加幻灯片的视觉效果，加深观众的印象。

本小节原始文件和最终效果所在位置如下。	
原始文件	原始文件\第10章\产品销售方案03.pptx
最终效果	最终效果\第10章\产品销售方案03.pptx

PowerPoint 2013中省去了动画方案，只保留了自定义动画的功能，同时增加了"动画刷"的功能，方便用户对同一动画效果重复使用。

1 打开本实例的原始文件，切换到第2张幻灯片，选中"主要产品"占位符，切换到【动画】选项卡，单击【动画】组中【动画效果】列表框右侧的【其他】按钮▾，在弹出的下拉列表中选择【飞入】选项。

2 单击【计时】组中的【开始】列表的下拉按钮，在其下拉列表中选择【单击时】选项，在【持续时间】微调框中输入"01.50"，其他选项保持默认设置不变。

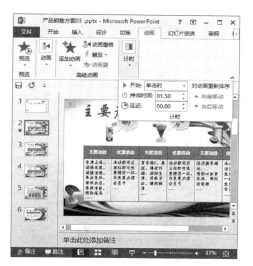

3 选中幻灯片中的梨汁图片，单击【动画】组中的【动图效果】列表框右侧的【其他】按钮▾，在弹出的下拉列表中选择【更多进入效果】选项。

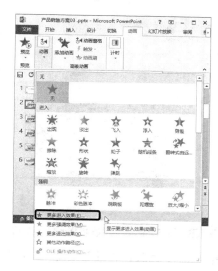

4 随即打开【更改进入效果】对话框，在对话框中选择合适的进入效果，这里选择【细微型】中的【缩放】选项，单击 确定 按钮。

5 在【计时】组的【持续时间】微调框中输入 "01.00"，在【延迟】微调框中输入 "00.50"，其他选项保持默认设置不变。

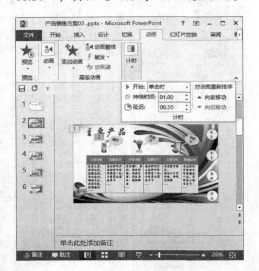

6 单击【动画】选项卡【高级动画】组中的【动画窗格】按钮 动画窗格 。

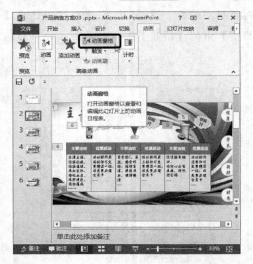

7 随即在窗口的右侧出现【动画窗格】任务窗格，单击【动画2】选项右侧的下拉按钮 ▼，在弹出的下拉菜单中选择【效果选项】菜单项。

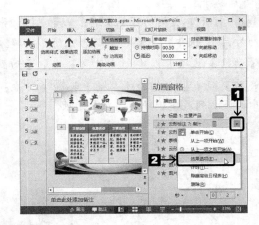

8 随即弹出【缩放】对话框，在【效果】选项卡中的【消失点】下拉列表中选择【幻灯片中心】选项，在【声音】下拉列表中选择【抽气】选项，其他选项保持默认设置不变。

9 切换到【计时】选项卡，在【期间】下拉列表中选择【中速（2秒）】选项，单击 确定 按钮。

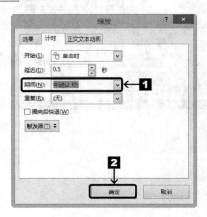

10 按照上面介绍的方法将其他幻灯片对象的动画效果设置完成。

提示 ┊┊┊┊┊

　　如用户在对幻灯片进行动画效果设置时，需要重复用到相同的动画效果，这时可利用动画刷来实现，以减少同样设置的烦琐。

10.1.4　使用超链接

　　PowerPoint提供了强大的超链接功能，用户通过超链接可以快速地实现幻灯片之间、幻灯片与其他程序之间、幻灯片与网络之间的转换。在PowerPoint中插入超链接的方式有插入动作按钮和插入超链接两种。

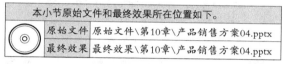

本小节原始文件和最终效果所在位置如下。	
原始文件	原始文件\第10章\产品销售方案04.pptx
最终效果	最终效果\第10章\产品销售方案04.pptx

1. 插入动作按钮

1 打开本实例的原始文件，选中第2张幻灯片，切换到【插入】选项卡，单击【插图】组中的【形状】按钮 ，在下拉列表中选择【动作按钮】中的【动作按钮：后退或前一项】选项。

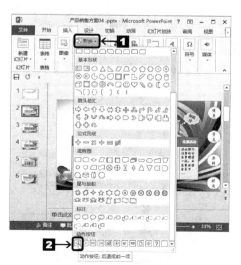

2 在幻灯片的合适位置绘制一个动作按钮，绘制完成随即弹出【操作设置】对话框。

3 在【单击鼠标】选项卡中，选中【超链接到】单选按钮，在其下拉列表中选择【第一张幻灯片】选项，其他选项保持默认设置不变，设置完成后单击 确定 按钮。

4 关闭对话框返回幻灯片，选中绘制的动作按钮，设置好动作按钮的格式，调整好按钮的大小和位置，效果如下图所示。

5 在幻灯片中绘制一个声音动作按钮，随即弹出【操作设置】对话框，在对话框中选中【播放声音】复选框，在其下拉列表中选择【风铃】选项，然后单击 确定 按钮。

6 返回幻灯片，设置好动作按钮的格式。

7 按照上面的方法在其他幻灯片中插入动作按钮。

2. 插入文字超链接

1 在幻灯片中插入文本框，并输入文字"第一页"，设置好文本框的格式。

2 选中文本框内的文字，单击鼠标右键，在弹出的快捷菜单中选择【超链接】菜单项。

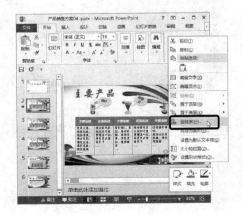

3 弹出【插入超链接】对话框，选中对话框左侧【链接到】任务窗格的【本文档中的位置】选项，在【请选择文档中的位置】文本框中选择【第一张幻灯片】，单击 **确定** 按钮。

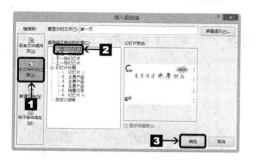

4 返回幻灯片，这时文字呈现蓝色，并带有下划线，表示添加超链接成功。

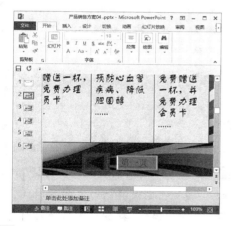

5 选中第6张幻灯片，为公司网址添加网络超链接，按照上面的方法打开【插入超链接】对话框，在对话框中【链接到】任务窗格中选择【现有文件或网页】选项，在【地址】文本框中输入公司的网址"http://www.jjlsg.com.cn"，然后单击 **确定** 按钮。

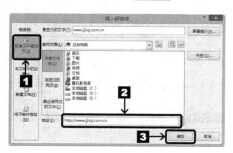

6 返回幻灯片即可看到为文字添加的网络超链接，在幻灯片放映时，单击设置了网络超链接的文字即可访问指定的网络。

7 若要取消对文字设置的超链接，选中文字，单击鼠标右键，在弹出的快捷菜单中选择【取消超链接】选项即可。

提示

若在右键快捷菜单中选择【编辑超链接】菜单项，即可再次打开【插入超链接】对话框，对插入的超链接进行编辑。

10.1.5 幻灯片放映

　　幻灯片放映是演示文稿编辑的最终目的，用户可以根据自己的需要对幻灯片的放映过程进行一定的设置来满足展示内容的目的。

本小节原始文件和最终效果所在位置如下。
原始文件　原始文件\第10章\产品销售方案05.pptx
最终效果　最终效果\第10章\产品销售方案05.pptx

1. 使用排练计时实现自动放映

　　幻灯片的放映有手动放映和自动放映两种形式，在对幻灯片进行自动放映设置时，可使用排练计时来实现。

　　1　打开本实例的原始文件，切换到【幻灯片放映】选项卡，单击【设置】组中的【排练计时】按钮 排练计时 。

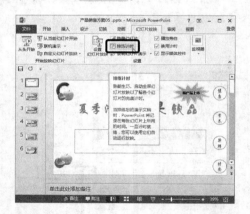

　　2　幻灯片随即进入全屏状态，在屏幕的左上角出现【录制】工具栏，用户可以自由放映幻灯片，在工具栏上显示了单张幻灯片当前放映的时间和演示文稿的总的放映时间。

　　3　用户单击【暂停录制】按钮 ⏸，可实现幻灯片的暂停录制，单击【下一项】按钮 → 可切换到下一张幻灯片，单击【重复】按钮 ↺ 可重新对幻灯片进行录制。

　　4　幻灯片放映完成即可弹出【Microsoft PowerPoint】对话框，在对话框中显示幻灯片放映所需的总时间，并提示用户是否保留幻灯片的放映时间。

　　5　在【Microsoft PowerPoint】对话框中单击 否(N) 按钮，则放弃幻灯片排练时间；在对话框中单击 是(Y) 按钮，则保留幻灯片排练时间并自动返回"幻灯片浏览视图"，在视图中显示了播放每张幻灯片所需要的时间。

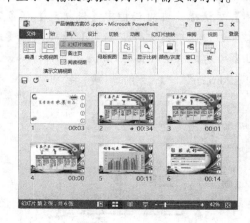

6 单击【设置】组中【设置幻灯片放映】按钮，弹出【设置放映方式】对话框，在对话框【放映幻灯片】组合框中选中【从】单选按钮，并在其微调框中输入"2"，在【到】微调框中输入"6"，其他保持默认选项不变，单击 确定 按钮。

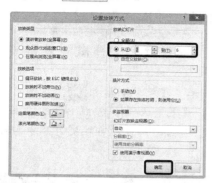

7 返回幻灯片，单击【开始放映幻灯片】组中的【从头开始】按钮 或按【F5】键即可从第2张幻灯片开始放映。

2. 设置循环播放幻灯片

在实际放映演示文稿的过程中可能会遇到需要重复放映的情况，此时可通过设置幻灯片的放映方式来实现。下面就介绍如何设置幻灯片的循环播放。

1 首先对幻灯片进行排练计时，在【设置放映方式】对话框的【放映选项】组合框中选中【循环放映，按ESC键终止】复选框，在【换片方式】组合框中选中【如果存在排练时间，则使用它】单选按钮，其他保持默认选项不变，单击 确定 按钮。

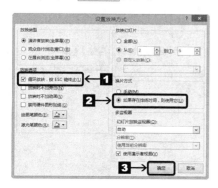

2 返回幻灯片，按【F5】键即可实现对幻灯片的循环放映。

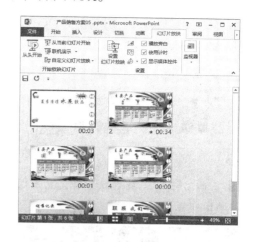

3. 添加播放的特殊效果

为增加幻灯片的放映效果，用户可在幻灯片的放映过程中为其添加特殊效果，以方便演讲者意愿的表达。下面就以使用画笔标注文字为例进行介绍。

1 在幻灯片的放映过程中，当放映到指定的幻灯片时，单击幻灯片底部的【画笔】按钮，在弹出的列表中选择【荧光笔】选项。

2 单击幻灯片底部的【画笔】按钮，在弹出的列表中选择【墨迹颜色】>【紫色】选项。

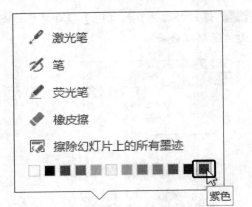

3 返回幻灯片，拖动鼠标将需要强调的文字勾画出即可。

4 若要清除幻灯片上的墨迹，可从弹出的【画笔】下拉列表中选择【擦除幻灯片上的所有墨迹】选项，即可将幻灯片上的墨迹清除。

5 单击【画笔】按钮，在弹出的列表中选择【笔】选项，按照上面的方法设置好颜色，返回幻灯片即可在幻灯片中写标注文字。

10.1.6 保护演示文稿

对于重要的演示文稿，为防止演示文稿在未经允许的情况下被查看、修改和删除，可对演示文稿设置访问密码来限制访问用户，以达到保护演示文稿的目的。

本小节原始文件和最终效果所在位置如下。	
原始文件	原始文件\第10章\产品销售方案06.pptx
最终效果	最终效果\第10章\产品销售方案06.pptx

1. 利用文件菜单进行加密

1 打开本实例的原始文件，单击 文件 按钮，在弹出的下拉菜单中选择【信息】菜单

项，在右侧的窗口中单击【保护演示文稿】按钮，在下拉列表中选择【用密码进行加密】选项。

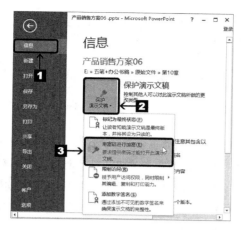

2 随即弹出【加密文档】对话框，在【密码】文本框中输入设置好的密码，这里输入"123456"，然后单击 确定 按钮。

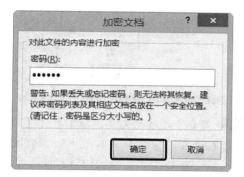

3 随即弹出【确认密码】对话框，在【重新输入密码】文本框中重新输入设置好的密码"123456"，然后单击 确定 按钮。

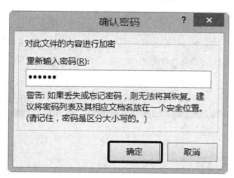

4 即可将演示文稿加密成功，当用户关闭演示文稿并再次打开已经加密的演示文稿时，会弹出【密码】对话框，在【输入密码以打开文件】文本框中输入打开演示文稿需要的密码"123456"，然后单击 确定 按钮。

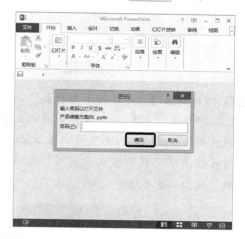

5 即可将演示文稿打开，并对其进行操作。

2. 利用【另存为】功能进行加密

1 按照前面的方法打开【另存为】对话框，单击 工具(L) 按钮，在弹出的下拉列表中选择【常规选项】选项。

2 随即弹出【常规选项】对话框，在【打开权限密码】文本框中输入打开演示文稿需要的密码，在【修改权限密码】文本框中输入修改演示文稿所需要的密码，然后单击 确定 按钮。这里均设为"123456"。

3 随即弹出【确认密码】对话框，在【重新输入打开权限密码】文本框中再次输入打开演示文稿所需要的密码，然后单击 确定 按钮。

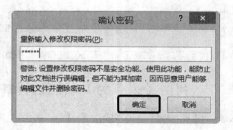

4 随即弹出【确认密码】对话框，在【重新输入修改权限密码】文本框中输入修改演示文稿所需要的密码，然后单击 确定 按钮。

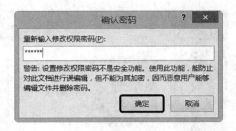

5 即可将演示文稿加密成功，返回演示文稿对其进行保存，关闭并再次打开演示文稿时即可弹出【密码】对话框，在对话框的【输入密码以打开文件】文本框中输入打开演示文稿所需要的密码，然后单击 确定 按钮。

6 若要修改演示文稿，则需打开【密码】对话框，在【密码】文本框中输入修改演示文稿所需要的密码，然后单击 确定 按钮，即可对演示文稿进行修改。

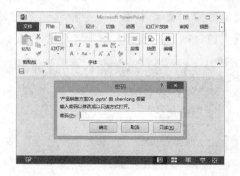

提示

在【密码】对话框中，若单击 取消 按钮，则演示文稿会自动关闭；若单击 只读(R) 按钮，则演示文稿以只读的方式打开，用户只能阅读不能对演示文稿做任何修改。

10.2 设计企业介绍宣传片

企业介绍宣传片是企业为展示自身形象、企业文化、产品和主营业务而制作的宣传片，旨在宣传自身形象、扩大企业影响和加深公众对企业的认识，从而达到提高企业效益的目的。

10.2.1 设计标题母版和幻灯片母版

幻灯片母版是存储有关演示文稿的设计母版的有关信息的幻灯片，运用幻灯片母版能快速地为演示文稿添加统一的样式，也可以快速地修改演示文稿中所有幻灯片的格式。

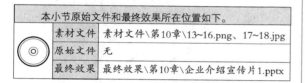

	本小节原始文件和最终效果所在位置如下。
素材文件	素材文件\第10章\13~16.png、17~18.jpg
原始文件	无
最终效果	最终效果\第10章\企业介绍宣传片1.pptx

1. 设计幻灯片母版

1 新建一个空白的演示文稿，将其重命名为"企业介绍宣传片1"，并保存在合适的位置。

2 切换到【视图】选项卡，单击【模板视图】组中的【幻灯片母版】按钮 幻灯片母版 ，进入母版视图编辑状态。

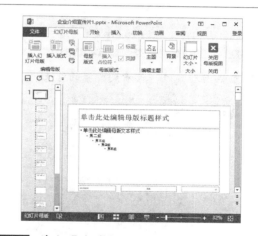

3 单击【背景】组中的【背景格式】按钮 背景样式，在弹出的下拉列表中选择【设置背景格式】选项。

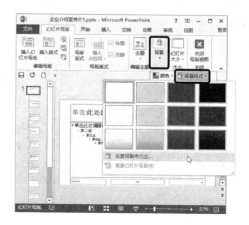

4 随即打开【设置背景格式】任务窗格，将背景设置为【渐变填充】，即可关闭窗格。

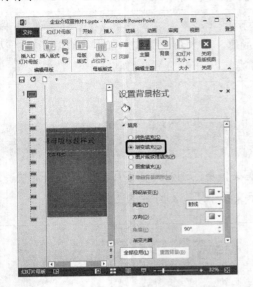

5 返回幻灯片即可看到设置的背景。

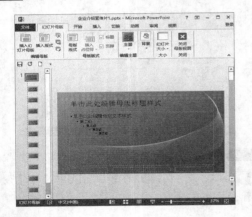

6 在幻灯片中插入图片13.png、14.png，调整好图片的大小和位置，效果如下图所示。

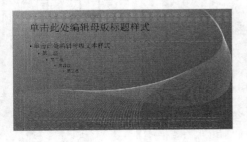

7 在幻灯片中绘制两个正方形，设置好图形的格式，调整好图形的大小和位置，效果如下图所示。

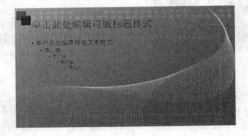

8 在幻灯片中插入图形15.png，调整好图形的大小和位置，效果如下图所示。

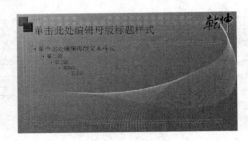

9 在幻灯片中插入1个横排文本框，在文本框内输入文字"qiankun"，设置好文字的格式，调整好文本框的大小和位置。

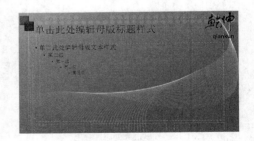

2. 设计标题母版

1 选中标题幻灯片，在幻灯片中绘制1个矩形，设置好矩形的填充颜色和透明度，调整好图形的大小和位置，效果如下图所示。

2 按照同样的方法，在幻灯片中重新插入一个矩形图形，并设置好图形的格式。

3 在"单击此处编辑母版标题样式"占位符中输入下图中的文字，并设置好文字的格式。

4 在幻灯片中插入图片15.png，并调整好图片的大小和位置，效果如下图所示。

5 在幻灯片中插入图片16.png、17.jpg和18.jpg，并设置好图片的大小和位置。

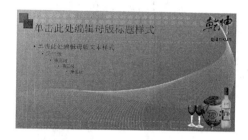

6 将幻灯片中多余的占位符删除，至此标题幻灯片设计完成，单击【幻灯片母版】选项卡中【关闭】组中的【关闭母版视图】按钮，即可将幻灯片母版视图关闭。

10.2.2 为母版添加动画

动画是演示文稿的灵魂，丰富的动画效果能增加演示文稿的表现力，加深演示文稿在观众心中的印象，因此演示文稿的动画设计十分重要。

本小节原始文件和最终效果所在位置如下。	
原始文件	原始文件\第10章\企业介绍宣传片02.pptx
最终效果	最终效果\第10章\企业介绍宣传片02.pptx

1 打开本实例的原始文件，切换到【幻灯片母版】视图，选中幻灯片左上角的两个矩形图形，单击鼠标右键，在弹出的快捷菜单中选择【组合】▶【组合】菜单项，即可将其组合起来。

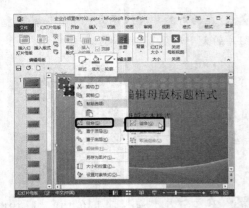

2 切换到【动画】选项卡，单击【动画】组中的【其他】按钮 ，在下拉列表中选择【更多进入效果】选项。

3 随即弹出【更改进入效果】对话框，在【温和型】组中选择【翻转式由远及近】选项，单击 确定 按钮。

4 返回幻灯片，单击【高级动画】组中的【动画窗格】按钮 ，打开【动画窗格】任务窗格。

5 设置动画的属性。在动画窗格中单击【组合9】后面的选项 按钮，在弹出的快捷菜单中选择【效果选项】菜单项。

6 随即弹出【翻转式由远及近】对话框，单击【开始】列表框右侧的下拉按钮 ，在其下拉列表中选择【单击时】选项，在【期间】下拉列表中选择【中速（2秒）】，其他选项保持默认不变，单击 确定 按钮。

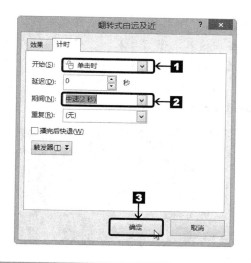

7 按照上面的方法将文本框"qiankun"和"乾坤"图片组合起来，并设置其动画效果为【弹跳】、【在上一动画之后】、【中速（2秒）】。

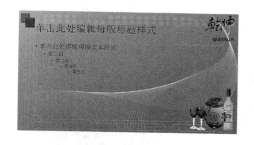

10.2.3 设计卷轴式目录

在演示文稿中添加目录可以更加方便地切换幻灯片，用户可以通过目录跳转到指定的幻灯片，便于观众了解企业文化建设的内容。

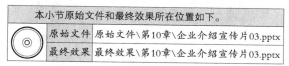

2 选中新插入的幻灯片，切换到【视图】选项卡，选中【显示】组中【网格线】和【参考线】复选框，即可将幻灯片的参考线和标尺显示出来。

1. 设计卷轴及目录

◯ 设计目录

1 打开本实例的原始文件，在演示文稿中插入1张"仅标题"的幻灯片。

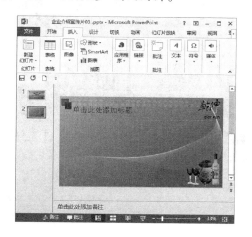

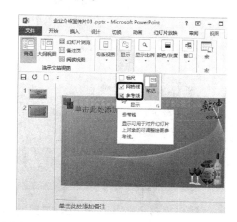

3 效果如下图所示。

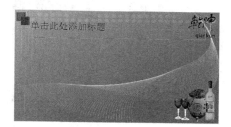

4 在幻灯片中绘制1个矩形，选中矩形，单击鼠标右键，在弹出的快捷菜单中选择【大小和位置】菜单项。

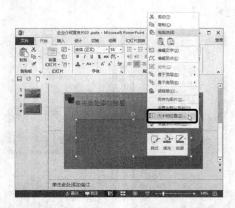

5 随即弹出【设置形状格式】任务窗格，在对话框中设置图形的高度为"10厘米"，宽度为"25厘米"，颜色填充为"绿色，着色6，淡色60%"，透明度为"10%"，线条设置为"无线条"，其他选项保持默认不变，单击关闭按钮。

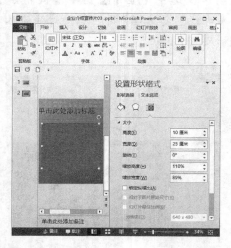

6 调整好图形的位置，效果如下图所示。

7 在幻灯片中插入1个垂直文本框，在文本框内输入文字"目录"，将字体格式设置为【方正行楷简体】、【66】、【填充-红色，阴影-左下右偏移，棱台-圆】，调整文本框至合适的位置。

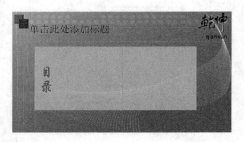

8 在幻灯片中绘制1个高度为"10厘米"，宽度为"18.5"厘米的向右箭头，设置箭头的格式为【渐变填充】，形状效果为【预设4】。

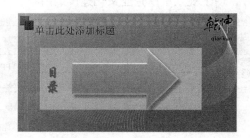

9 在幻灯片中绘制4个矩形，设置好矩形的格式，调整好图形的大小和位置。

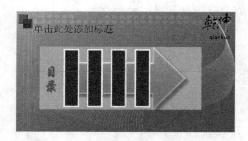

10 在矩形中输入有关的文字，设置好文字的格式，效果如下图所示。

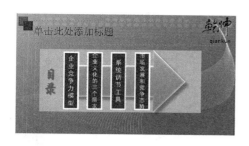

○ 设计卷轴

1 选中幻灯片中的矩形图形与其上面插入的所有文本框和其他图形，单击鼠标右键，在弹出的快捷菜单中选择【组合】➤【组合】菜单项，将所有图形文本框组合在一起。

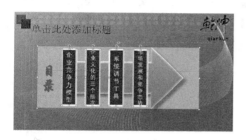

2 在幻灯片中绘制一个高度为"10.5厘米"，宽度为"1.8厘米"的圆柱形，设置格式为【渐变填充】，渐变方向为【线性向左】，【停止点1】、【停止点5】颜色为【白色】，【停止点2】、【停止点4】颜色值为【红：253,绿：232,蓝：173】，【停止点3】颜色值设为【橙色】，设置完成效果如下。

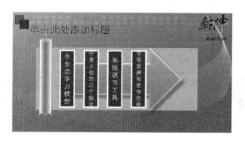

3 对圆柱形图形进行复制，将复制的圆柱形的渐变方向设置为【线型向右】，其他设置保持默认不变。调整两个圆柱形的位置如下图所示。

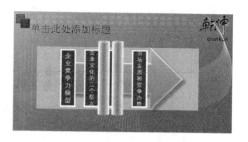

4 在幻灯片中插入1个高度为"10.5厘米"，宽度为"25厘米"的矩形，设置其格式为【橙色，强调文字颜色6，淡色80%】、【无轮廓】，透明度为【80%】。

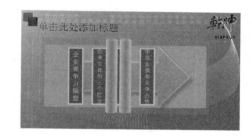

2. 为卷轴添加动画效果

1 选中组合图形，切换到【动画】选项卡，单击【动画】组中的【其他】按钮，在弹出的下拉列表中选择【劈裂】选项，将组合图形的动画效果设置为【劈裂】。

2 返回幻灯片，单击【动画】组中的【效果选项】按钮，在其下拉列表中选择【中央向左右展开】选项。

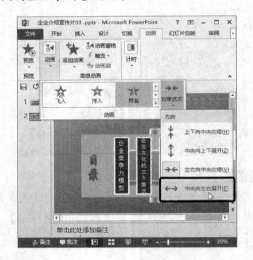

3 在【计时】组中的【开始】下拉列表中选择【单击时】选项，在【持续时间】微调框中输入【05.00】，在【延迟】微调框中输入【01.00】，其他保持默认设置不变。

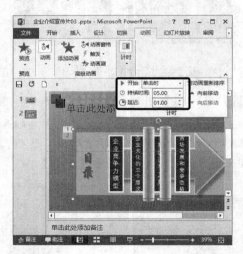

4 选中左侧的圆柱形图形，单击【动画】组中【动画样式】下拉按钮 ▼ ，在下拉列表中选择【其他动作路径】选项。

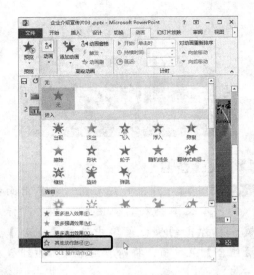

5 随即弹出【更改动作路径】对话框，在【直线和曲线】组中选择【向左】选项，然后单击 确定 按钮。

6 返回幻灯片，选中路径，按住【Shift】键的同时对路径的长度进行调整，调整至合适的长度并放置在合适的位置，在【开始】下拉列表中选择【与上一动画同时】，在【持续时间】微调框中输入【05.00】，其他保持默认设置不变，效果如下图所示。

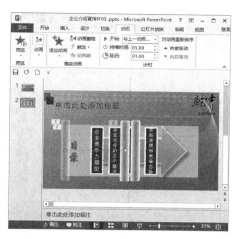

7 返回幻灯片，选中左侧圆柱形图形，单击【高级动画】组中的【添加动画】按钮，在下拉列表中选择【强调】组中的【放大/缩小】选项。

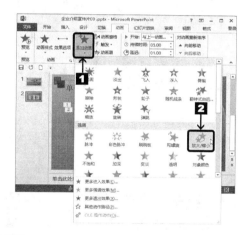

8 设置动画的效果。打开【动画窗格】任务窗格，弹出【放大/缩小】对话框，在【效果】选项卡中的【尺寸】下拉列表中选择【水平】选项，然后在【自定义】微调框中输入【50%】，按【Enter】键确认。

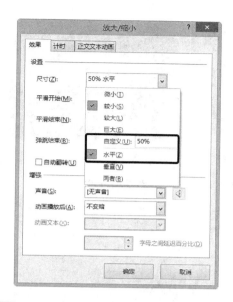

9 切换到【计时】选项卡，在【开始】下拉列表中选择【与上一动画同时】选项，在【期间】下拉列表中选择【非常慢（5秒）】选项。设置完成后单击 确定 按钮。

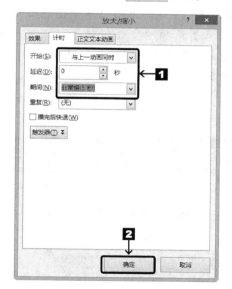

10 按照上面的方法为右侧的圆柱形添加动作效果，设置其动作路径为【向右】，其他设置与左侧圆柱形相同。

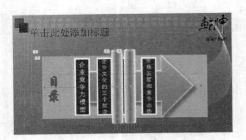

11 选中透明度为80%的矩形图片，设置其动画效果与组合矩形图片相同。

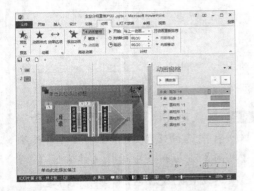

13 至此幻灯片的卷轴动画设置完成，可观看该幻灯片的放映效果。

12 选中图形，打开【劈裂】对话框，在【效果】选项卡中【增强】组合框中【动画播放后】下拉列表中选择【播放动画后隐藏】选项，单击 确定 按钮。

10.2.4 设计"企业竞争力模型"幻灯片

企业的竞争力是企业发展过程中重要的组成部分，正确分析企业竞争力所属的模型，能帮助企业正确地对待发展中遇到的各种竞争问题，促进企业更好地发展。

本小节原始文件和最终效果所在位置如下。
原始文件 原始文件\第10章\企业介绍宣传片04.pptx
最终效果 最终效果\第10章\企业介绍宣传片04.pptx

1. 设计幻灯片

1 打开实例的原始文件，在演示文稿中新建1张"仅标题"的幻灯片，切换到【视图】选项卡，选中【显示】组中的【参考线】复选框。

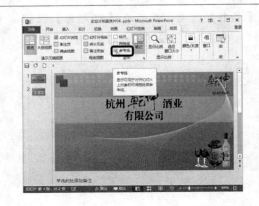

2 在幻灯片中绘制1个高度为"4厘米"，宽度为"20厘米"的圆柱形图形，调整圆柱形的位置如下图所示。

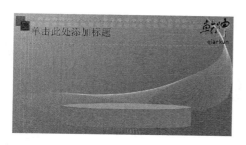

3 选中图形，设置其填充颜色为【渐变填充】，其中【停止点1】的颜色值为【红：112，绿：48，蓝：160】，【停止点2】颜色值为【红：204，绿193，蓝：218】，轮廓设置为【无轮廓】，效果如下图所示。

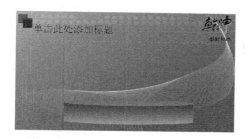

4 将圆柱形的阴影格式设置为【阴影】➢【阴影外部】➢【向右下偏移】，设置其映像格式为【映像】➢【映像变体】➢【全映像，接触】。

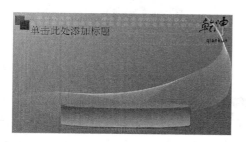

5 在圆柱形图形中添加文字"企业竞争力模型"，设置文字的字体格式为【华文行楷】、【54】、【黄色】，效果如图所示。

6 在幻灯片中绘制1个高度为"2厘米"，宽度为"7厘米"的圆柱形，设置圆柱形的填充颜色为【绿色】，轮廓颜色为【白色，背景1，深色50%】，轮廓粗细为【1.5磅】，调整小圆柱形与大圆柱形的位置。

7 对小圆柱形进行复制，得到3个相同的圆柱形，调整好它们的位置，效果如下图所示。

8 在大圆柱形的右侧同样绘制3个小圆柱形，设置好其格式。

9 在6个圆柱形中分别添加相应的文字，设置好文字的字体格式，效果如下图所示。

10 在幻灯片中绘制两个向下箭头图形，调整好图形的大小和位置，效果如下图所示。

11 设置图形的格式为【浅色1轮廓，彩色填充-红色，强调颜色2】，图形轮廓粗细设置为【4.5磅】，效果如下图所示。

12 在向下箭头图形中添加合适为文字，并设置好文字的字体格式，效果如下图所示。

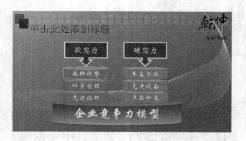

13 在"单击此处添加标题"占位符中输入幻灯片标题"企业竞争力模型"，设置好标题的格式，效果如下图所示。

2. 为幻灯片添加动画效果

1 选中"企业竞争力模型"占位符，切换到【动画】选项卡，将其动画效果设置为【温和型】➤【上浮】，在【计时】组中【开始】下拉列表中选择【单击时】选项，在【持续时间】微调框中输入【01.00】，在【延迟】微调框中输入【00.00】。

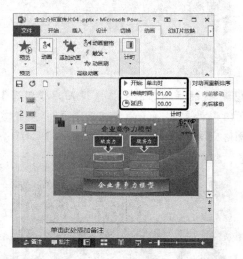

2 选中大圆柱形，设置其动画效果为【温和型】➤【基本缩放】，在【计时】组中【开始】下拉列表中选择【上一动画之后】选项，在【持续时间】微调框中输入【01.50】，在【延迟】微调框中输入【00.00】。

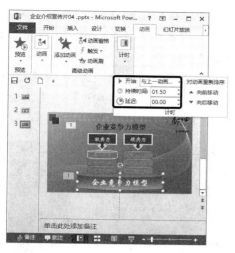

3 选中"软实力"下箭头标注图形，设置其动画效果为【细微型】▷【展开】，在【计时】组中【开始】下拉列表中选择【上一动画之后】选项，在【持续时间】微调框中输入【01.50】，在【延迟】微调框中输入【00.00】。

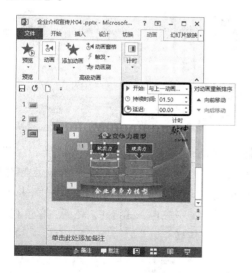

4 按照同样的方法将其他图形的动画效果设置完成。

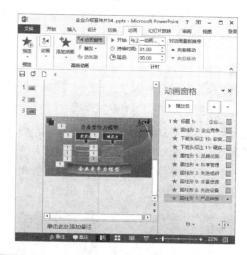

5 动画效果设置完成后即可对幻灯片进行放映观看。

10.2.5 设计"企业文化层次"幻灯片

企业文化是企业的重要组成部分，在企业竞争中有着举足轻重的作用，也是企业进行竞争的最高层次，提高企业的文化层次有助于提高企业员工整体的文化水平，增强企业的整体竞争实力。

本小节原始文件和最终效果所在位置如下。

| 原始文件 | 原始文件\第10章\企业介绍宣传片05.pptx |
| 最终效果 | 最终效果\第10章\企业介绍宣传片05.pptx |

1. 设计幻灯片

1 打开本实例的原始文件，新建1张"仅标题"的空白幻灯片，切换到【插入】选项卡，单击【插图】组中【形状】下拉按钮 形状▾，在下拉列表中选择【基本形状】▶【弧形】，按住【Shift】键，在幻灯片中绘制一个弧形，调整弧形的大小，设置弧形的格式为【粗线，黑色】。

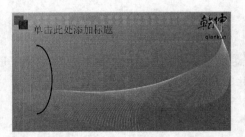

2 在幻灯片中按住【Shift】键绘制3个圆形，将其填充格式设置为【白色】，轮廓粗细设置为【4.5磅】，颜色设置为【紫色】。

3 在幻灯片中绘制4个矩形，将4个矩形的填充格式设置好，调整好矩形的位置，4个矩形的格式分别设置如下。

A：【强烈效果-橙色，强调颜色6】，【橙色，强调文字颜色6，淡色40%】，【预设】▶【预设4】。

B：【强烈效果-紫色，强调颜色4】，【紫色，强调文字颜色4，淡色40%】，【预设】▶【预设4】。

C：【强烈效果-绿色，强调颜色3】，【绿色，强调文字颜色3，淡色40%】，【预设】▶【预设4】。

D：【强烈效果-蓝色，强调颜色1】，【深蓝，文字2，淡色40%】，【预设】▶【预设4】。

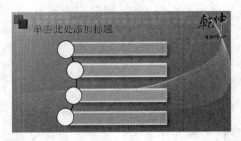

4 在圆形图形中分别输入"核心层""中层""浅层""表层"，设置其字体格式为【方正行楷简体】、【24】，艺术字格式为【填充-红色，阴影-外部 右下斜偏移，柔圆棱台】。

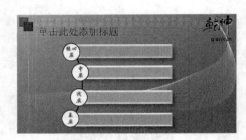

5 在矩形图形内分别输入"精神层""制度层""行为层""物质层"，设置字体格式为【华文行楷】、【48】，设置艺术字格式为【填充-蓝色，着色1，轮廓-背景1】，效果如下图所示。

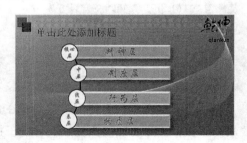

6 在"单击此处添加标题"占位符中输入"公司文化层次"，设置其字体格式为【华文行楷】、【60】，设置艺术字格式为【渐变填充-紫色，强调文字颜色4，映像】，效果如下图所示。

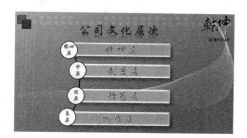

2. 为幻灯片添加动画效果

1 选中"公司的文化层次"占位符，将其动画效果设置为【基本型】➤【随机线条】，在【计时】组中的【开始】下拉列表中选择【单击时】选项，在【持续时间】微调框中输入"00.50"，其他选项保持默认设置不变。

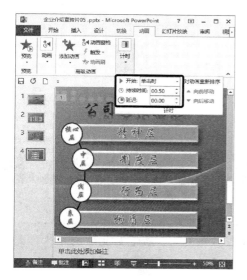

2 选中"弧线"图形，设置其动画效果为【基本形状】➤【擦除】，设置效果选项为【自顶部】，在【计时】组中的【开始】下拉列表中选择【单击时】选项，在【持续时间】微调框中输入"01.50"，其他选项保持默认设置不变。

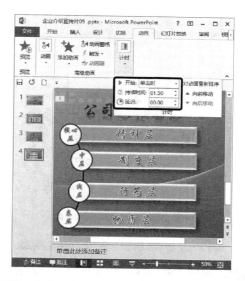

3 选中4个圆形，将其动画格式设置为【轮子】，在【计时】组中的【开始】下拉列表中选择【与上一动画同时】选项，在【持续时间】微调框中输入"02.00"。

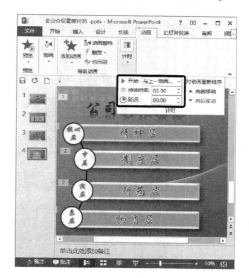

4 选中"物质层"矩形图形，设置其动画效果为【基本型】➤【切入】，设置效果选项为【自左侧】，在【计时】组中的【开始】下拉列表中选择【单击时】选项，在【持续时间】微调框中输入"01.50"，其他选项保持默认设置不变。

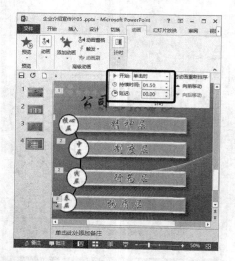

 按照上面的方法将其他矩形的动画效果设置完成。

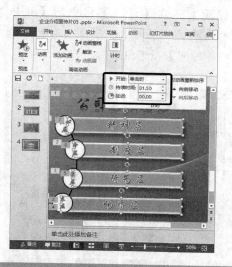

6 至此"公司文化层次"幻灯片设计完成，切换到【幻灯片放映】选项卡，单击【开始放映幻灯片】组中的【从头开始】按钮，即可对幻灯片进行放映。

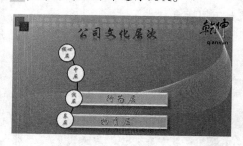

10.2.6 设计"系统调节工具"幻灯片

下面制作"系统调节工具"幻灯片。

	本小节原始文件和最终效果所在位置如下。
原始文件	原始文件\第10章\企业介绍宣传片06.pptx
最终效果	最终效果\第10章\企业介绍宣传片06.pptx

1. 设计幻灯片

1 打开本实例的原始文件，在演示文稿中插入1张"仅标题"的幻灯片，在"单击此处添加标题"占位符中输入幻灯片的标题"系统调节工具"，设置好文字的字体格式，效果如图所示。

2 将演示文稿中的网格线和参考线显示出来。在幻灯片中绘制4个相同的扇形，调整好3个扇形的大小和位置，效果如下图所示。

设置扇形的格式。

A：填充格式【强烈效果−深红色】，【预设】➤【预设4】。

B：填充格式【强烈效果−紫色】，【预设】➤【预设4】。

C：填充格式【强烈效果−浅绿色】，【预设】➤【预设4】。

D：填充格式【强烈效果−橙色】，【预设】➤【预设4】。

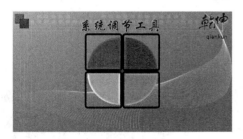

3 在幻灯片中绘制1个弧形，设置其格式。线条选择【实践】，填充颜色【白色】，粗细【9磅】，箭头末端类型【箭头】，调整好位置。

4 按照同样的方法对其他3个扇形添加带箭头弧形，并将其他3个弧线的格式发光效果分别设置为【发光】➤【紫色，8pt发光】；【发光】➤【水绿色，8pt发光】；【发光】➤【橙色，8pt发光】，调成好弧线的位置，设置效果如下图所示。

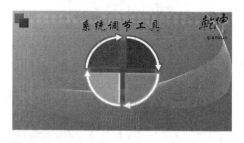

5 在幻灯片中绘制一个圆形，设置圆形的填充格式为【绿色】、【预设】➤【预设4】，调整好圆形的位置，效果如下图所示。

6 在幻灯片中插入一个文本框，在文本框中输入文字"民主决策"，选中文本框，切换到【格式】选项卡，单击【艺术字样式】组中的【文字效果】按钮，在其下拉列表中选择【转换】➤【跟随路径】➤【上弯弧】选项。

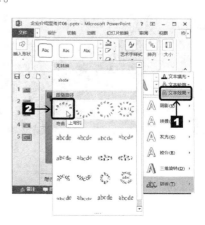

7 设置好文字的字体格式，调整好文本框的位置，效果如下图所示。

8 按照同样的方法设置好其他文本框。

9 在幻灯片中绘制两个箭头，设置好箭头的格式，调整好箭头的位置。

10 在幻灯片中插入两个文本框，在文本框中分别输入"相互独立""相互作用"，设置好文字的格式并调整好文本框中的位置。

11 为圆形图形添加上文字"系统调节工具"，设置好文字的字体格式，效果如下图所示。

2. 为幻灯片添加动画效果

1 选中"系统调节工具"占位符，设置其动画格式为【温和型】➤【飞入】，【自左上角】，在【计时】组中的【开始】下拉列表中选择【单击时】，在【持续时间】微调框中输入【01.00】，其他选项保持默认设置不变。

2 选中"系统调节工具"文本框与其下面的圆形图形，设置其动画格式为【细微型】➤【缩放】，在【计时】组中的【开始】下拉列表中选择【单击时】，在【持续时间】微调框中输入【01.00】，其他选项保持默认设置不变。

3 选中"民主决策"文本框与其下面的扇形图形，设置其动画格式为【基本型】➤【轮子】，在【计时】组中的【开始】下拉列表中选择【单击时】，在【持续时间】微调框中输入【01.50】，其他选项保持默认设置不变。

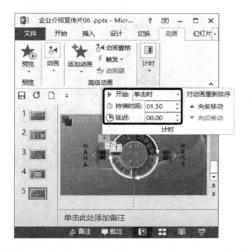

4 选中"民主决策"动画格式，单击【高级动画】组中的【动画刷】按钮 动画刷，在"公平竞争""风险管理""监督调节"文本框与其下面的扇形图形上单击，将动画格式复制到上面。

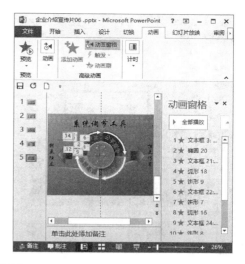

5 选中左侧的箭头图形，设置其动画格式为【基本型】➤【擦除】，效果选项设置为【自右侧】，在【计时】组中的【开始】下拉列表中选择【单击时】，在【持续时间】微调框中输入【01.00】，其他选项保持默认设置不变。

6 选中"相互独立"文本框，设置其动画格式为【基本型】➤【弹跳】，在【计时】组中的【开始】下拉列表中选择【单击时】，在【持续时间】微调框中输入【01.00】，其他选项保持默认设置不变。

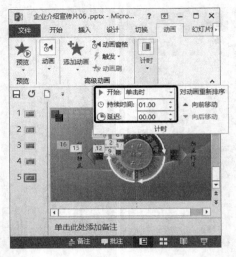

7 选中右侧的箭头图形，设置其动画格式为【基本型】▶【擦除】，效果选项设置为【自左侧】，在【计时】组中的【开始】下拉列表中选择【单击时】，在【持续时间】微调框中输入【01.00】。

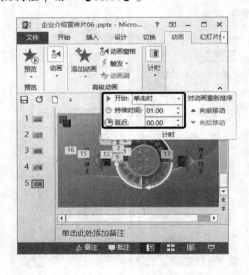

8 选中"相互作用"文本框，设置其动画格式为【基本型】▶【楔入】，在【计时】组中的【开始】下拉列表中选择【单击时】，在【持续时间】微调框中输入【01.00】。

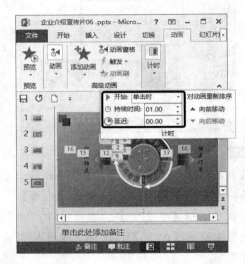

9 至此，"系统调节工具"幻灯片设计完成，按【F5】键即可对幻灯片进行放映。

10.2.7 设计"市场发展和竞争态势"幻灯片

下面制作"市场发展和竞争态势"幻灯片。

本小节原始文件和最终效果所在位置如下。

原始文件	原始文件\第10章\企业介绍宣传片07.pptx
最终效果	最终效果\第10章\企业介绍宣传片07.pptx

1. 设计幻灯片

1 打开本实例的原始文件，在演示文稿中插入1张"仅标题"的幻灯片，在"单击此处添加标题"占位符中输入幻灯片的标题"市场发展和竞争态势"，设置好文字的字体格式，效果如下图所示。

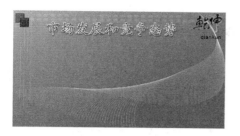

2 按住【Shift】键的同时在幻灯片中绘制1条水平向右的箭头和1条垂直向上的箭头，设置好图形的格式，调整好箭头的位置。

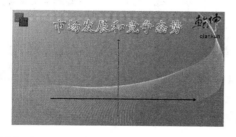

3 在幻灯片中绘制1条曲线，设置好曲线的格式，将曲线置于顶层，调整好曲线的位置和大小。

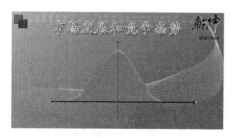

4 在幻灯片中绘制3条垂直的竖线，设置好线条的格式，调整好线条的位置。

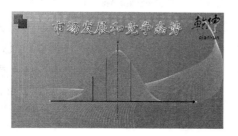

5 将垂直向上的箭头至于最顶层，在幻灯片中绘制4个向上的箭头图形，设置图形的格式，调整好图形的位置。

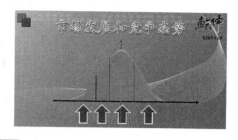

6 在4个箭头图形中分别输入"引入期""成长期""成熟期""衰退期"，设置好文字的格式，并将文本框调整好位置。

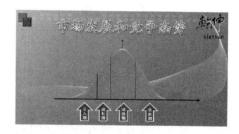

7 在幻灯片中绘制1条曲线和1个向右下方的箭头，设置好曲线与箭头的格式，调整好位置。

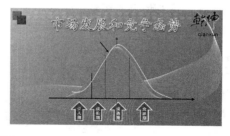

8 在幻灯片中插入3个文本框，分别输入"竞争曲线""时间""值"，设置好相应文字的格式，调整好文本框的位置。

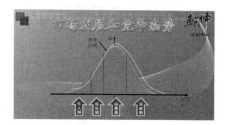

2. 为幻灯片添加动画效果

1 选中横轴箭头图形与"时间"文本框，设置其动画效果为【基本型】➤【切入】，将动画效果设置为【自左侧】，将纵轴箭头与"值"文本框的动画设置为【基本型】➤【切入】，将动画效果设置为【自底部】，在【计时】组中的【开始】下拉列表中选择【单击时】，在【持续时间】微调框中输入【00.75】，其他选项保持不变。

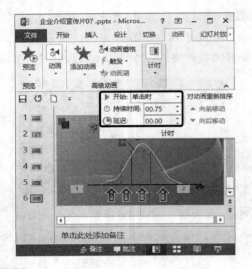

2 选中填充格式的曲线，设置其动画格式为【细微型】➤【缩放】，在【计时】组中的【开始】下拉列表中选择【单击时】，在【持续时间】微调框中输入【01.00】。

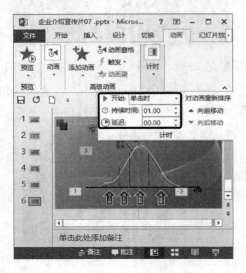

3 选中填充曲线上方的3条垂直竖线，设置其动画效果为【基本型】➤【出现】。

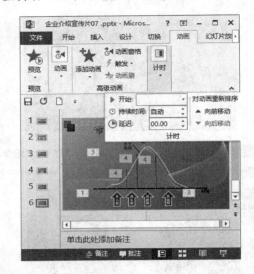

4 选中横轴下方的4个向上的箭头，设置其动画格式为【温和型】➤【上浮】，其他动画选项保持不变。

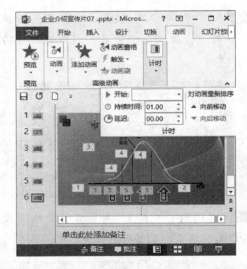

5 选中"竞争曲线"曲线，设置其动画格式为【基本型】➤【擦除】，效果选项设置为【自左侧】；选中"竞争曲线"文本框右侧的箭头，设置其动画效果为【华丽型】➤【弹跳】，其他选项保持不变。

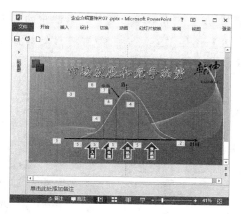

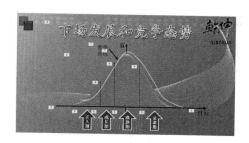

7 将幻灯片的动画效果顺序调整好。至此
"市场发展和竞争态势"幻灯片设计完成，
按下【F5】键即可对幻灯片进行放映。

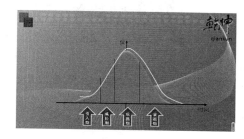

6 选中"市场发展和竞争态势"占位符，
设置其动画效果为【温和型】➤【随即线
条】，其他选项保持默认设置不变。

高手过招

快速设置幻灯片的切换效果

1 选中第1张幻灯片，切换到【切换】选
项卡，单击【切换到此幻灯片】组中的【切
换样式】按钮。

2 随即弹出【切换方案】下拉列表，在下
拉列表框中选择1种合适的幻灯片的切换方
式。

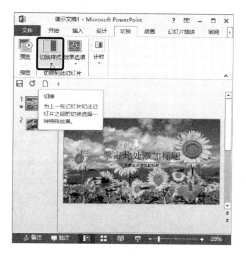

3 单击【效果选项】按钮 ，在下拉列表中选择合适的效果。

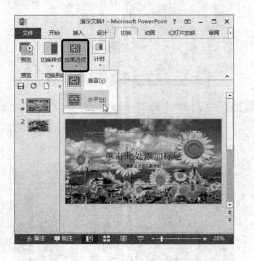

4 设置完成后单击【计时】组中的【全部应用】按钮 全部应用 ，即可将该幻灯片的切换方式应用到全部幻灯片中。

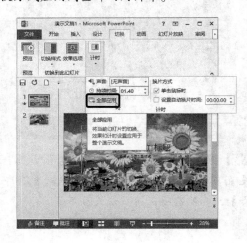

第3篇

全能办公

本篇主要介绍电脑办公平台的搭建、办公资源的共享、在
Internet上办公、收发电子邮件、常用辅助办公软件和办公设备
的使用以及电脑的维护和安全。

第11章

搭建电脑办公平台

利用电脑办公不仅要掌握相关的应用软件，而且还要有
一个电脑办公的平台，搭建好电脑办公平台是利用电脑
办公的基础。

关于本章的知识，本书配套教学光盘中有相
关的多媒体教学视频，请读者参见光盘中的
【全能办公\搭建电脑办公平台】。

创建和删除用户账户

在Windows 8系统中，用户可以设置多个不同的用户账户，不同的账户拥有不同的权限，以达到多人共用一台电脑的目的。

11.1.1　创建用户账户

创建专有的个人账户可以保证个人信息的安全，避免他人对自己文件的错误操作。

只有管理员权限的用户才可以创建和删除用户账户。创建用户账户的具体步骤如下。

1 打开【控制面板】窗口，单击【用户账户和家庭安全】功能区中的【更改账户类型】链接。

2 随即弹出【管理账户】窗口。

3 单击【在电脑设置中添加新账户】链接，弹出【账户】窗口。在【账户】下拉列表中选择【其他账户】，在管理其他账户下方单击【添加账户】。

4 在弹出用户添加邮箱文本框中输入用户的邮箱，完成后单击 下一步 按钮。

5 在弹出【创建Microsoft账户】中填写用户信息并设置用户密码，设置好后单击 下一步 按钮。

6 在弹出【添加安全信息】中按要求填充完整，设置好后单击 下一步 按钮。

7 输入好验证码单击 下一步 按钮。

8 在弹出【添加用户】可以看到添加的用户单击 完成 按钮。

9 返回【账户】中的【其他账户】可以看到新添加的用户。

11.1.2 删除用户账户

由于人员的变动或员工的离职而产生一些不用的账户用户，对于这种不再使用的账户用户可以将其删除以节约资源。

1 按照前面的方法打开【更改账户】窗口，单击【管理其他账户】。

2 在弹出【选择要更改的用户】中单击【神龙软件】。

3 在弹出【更改 神龙软件 的账户】中单击【删除账户】。

4 弹出【删除账户】窗口，用户可以根据自己的实际需要来选择是否删除该账户的文件，这里选择删除，单击 删除文件 按钮。

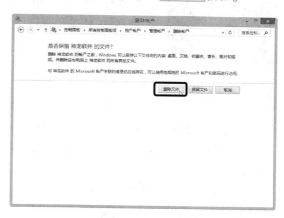

5 弹出【确认删除】对话框，单击 删除帐户 按钮。

6 即可将该用户账户在电脑中删除。

11.2 设置用户账户

在Windows 8系统中，用户可以设置多个不同的用户账户，不同的账户拥有不同的权限，以达到多人共用一台电脑的目的。

11.2.1 更改用户账户权限

要想有效地保护自己的文件不被破坏，可以给自己电脑的其他用户更改账户类型，限制该用户账户的权限，达到保护自己文件的目的。

下面以为用户账户"晓晓"更改权限为例介绍更改账户权限的具体操作步骤。

1 按照前面的方法打开【管理账户】窗口，在窗口中单击用户账户【神龙软件】图标。

2 弹出【更改账户】窗口，单击【更改账户类型】连接。

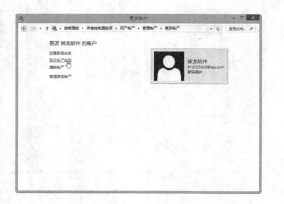

3 在弹出的【更改账户类型】窗口中选中【管理员】单选按钮，再单击 更改帐户类型 按钮。

4 随即"神龙软件"用户账户即可被更改为管理员权限。

11.2.2　设置文件夹权限

在多人共用一台电脑的情况下，为了防止其他用户在未经允许的情况下擅自更改自己用户中的文件，可对自己的文件夹设置权限以保护自己文件的完整和安全。

下面以"上半年工作任务"文件夹为例讲解文件夹的权限设置。

1 选中要设置文件夹权限的文件夹，单击鼠标右键，在弹出的快捷菜单中选择【属性】菜单项。

2 在弹出的【上半年工作任务 属性】对话框中单击 编辑(E)... 按钮。

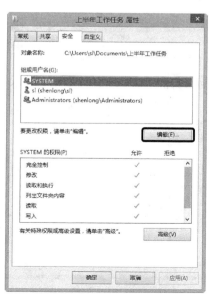

3 随即弹出【上半年工作任务 的权限】对话框，在对话框中单击 添加(D)... 按钮。

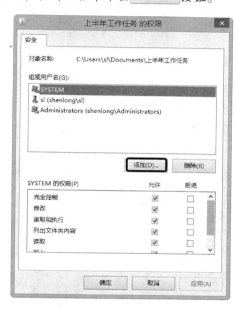

4 随即弹出【选择用户或组】对话框，在对话框中单击 高级(A)... 按钮。

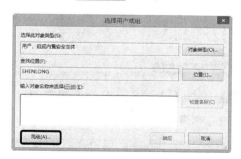

5 弹出【选择用户或组】对话框，单击 立即查找(N) 按钮。

6 在【搜索结果】文本框中找到"神龙软件"用户账户，然后单击 确定 按钮。

7 返回【选择用户或组】对话框，单击 确定 按钮，然后关闭。

8 返回【上半年工作任务 的权限】对话框，在【神龙软件 的权限】文本框中设置好文件夹的权限，然后单击 应用(A) 按钮。

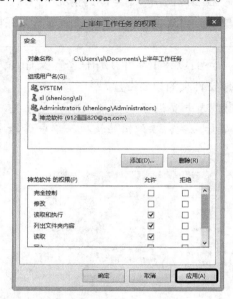

9 关闭【上半年工作任务 的权限】对话框，返回【上班年工作任务 属性】对话框，切换到【安全】选项卡，在【组或用户名】文本框中选中【神龙软件（912★★★820@qq.com）】选项，即可在下方【神龙软件的权限】文本框中看到"神龙软件"用户对此文件夹的【列出文件夹内容】和【读取】权限。

11.3 规划办公文件

要对办公文件进行合理有序的管理就要对办公文件的位置进行合理的规划。

11.3.1 规划办公文件存放体系

在对办公文件进行规划之前，要在总体上对办公文件进行分类，规划好办公文件的存放体系。

对办公文件的规划要根据不同人员的不同职责来分配不同的硬盘，对硬盘应以存储的内容来命名，以使电脑内存的使用清晰明确。

1 在桌面上双击【计算机】图标，随即打开【计算机】窗口。在窗口中显示了本计算机拥有的硬盘及各个硬盘中可用容量以及共有的容量。

2 更改硬盘的名称。在需要更改名称的硬盘上单击鼠标右键，在弹出的快捷菜单中选择【重命名】菜单项。

3 在硬盘中输入要重命名的硬盘的名称，按【Enter】键确认，会弹出【拒绝访问】对话框，提示用户需提供管理员权限重命名此驱动器。

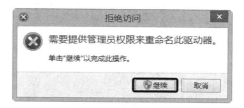

4 在对话框中单击 继续 按钮，即可将硬盘重命名成功。

5 按照前面的方法对其他硬盘进行重命名。

11.3.2　办公文件存放的注意事项

对办公文件规划好后，还要注意办公文件的存放位置、名称等事项。

按照硬盘的分区在各个硬盘中存放各自对应的文件夹。例如在"人事部"硬盘中存放员工考勤统计、员工档案、人员管理和工作计划等文件夹。

在存放文件时应注意文件的类别和位置，将相关文件存放在相关的文件夹下，以免文件的错放给工作带来不必要的麻烦。

例如在员工档案文件夹内不能存放"上半年工作进度"的文件。

按照上面的方法将各个硬盘中对应的文件规划整齐，存放正确。

高手过招

更改用户账户的头像

1 按照前面的方法打开【管理账户】窗口，在窗口中单击需要更改头像的用户账户【神龙软件】的图标 。

2 在弹出的【账户】窗口中【你的账户】中单击【浏览】按钮。

3 弹出【选择图片】窗口，在窗口中选择自己喜欢的图片，然后单击 选择图像 按钮即可。

4 返回【更改账户】窗口即可看到为账户更改的头像。

5 若对系统提供的图片不满意，可在【用户头像】窗口中【创建用户头像】中选择【摄像头】和【人脉】进行更改。

用户头像

浏览

创建用户头像

摄像头

人脉

6 在对话框中选择自己喜欢的图片，单击 选择图像 按钮即可。

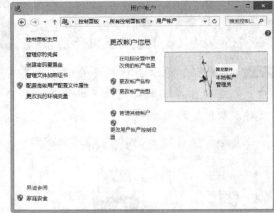

第12章

共享局域网内的办公资源

通常情况下，一个单位会有需要共享的文件或其他资源，此时，设置共享文件，是对办公资源的有效利用，可以避免逐个传送文件的烦琐，节约办公时间，提高办公效率。

关于本章的知识，本书配套教学光盘中有相关的多媒体教学视频，请读者参见光盘中的【全能办公\共享局域网内的办公资源】。

12.1 共享公共办公资源

在日常的办公中常常会有需要共享的文件或其他资源。这时设置文件的共享可以避免逐个传送文件的烦琐，节约办公时间和办公资源。

在Windows 8中用户可以通过【计算机管理】窗口来方便地设置共享文件，使用向导共享文件、管理会话和查看已经打开的文件等。

下面以"使用向导设置共享文件夹"为例来介绍共享文件的具体操作步骤。

1 在桌面上的【计算机】图标上单击鼠标右键，在弹出的快捷菜单中选择【管理】菜单项。

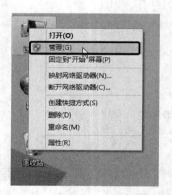

2 随即弹出【计算机管理】窗口。

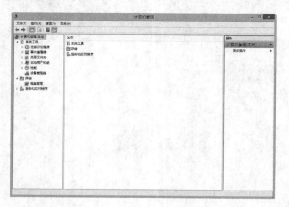

3 在【计算机管理】窗口中，依次展开左侧导航窗格中的【计算机管理（本地）】➤【系统工具】➤【共享文件夹】选项，然后在中间窗格中会显示【共享】、【会话】、【打开的文件】3个选项。在【共享】选项上单击鼠标右键，在弹出的快捷菜单中选择【新建共享】菜单项。

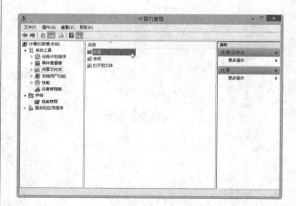

4 随即弹出【创建共享文件夹向导】对话框，单击 下一步(N) > 按钮。

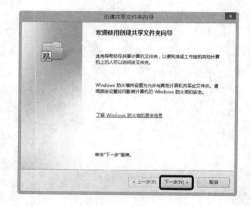

5 弹出【文件夹路径】对话框，在【文件夹路径】文本框中输入共享文件的路径，或单击 浏览(O)... 按钮。

6 在弹出的【浏览文件夹】对话框中选择要共享的文件夹，选择完成后单击 确定 按钮。

7 返回【文件夹路径】对话框，可以看到刚刚选择的文件夹已经成功添加到【文件夹路径】文本框中，然后再单击 下一步(N) » 按钮。

8 在弹出的对话框中可以修改共享文件的名称、填写描述信息，单击 更改(C)... 按钮。

9 弹出【脱机设置】对话框，操作系统默认选中【仅用户指定的文件和程序可以脱机使用】单选按钮，用户可以根据需要进行更改。

10 设置完成后单击 确定 按钮返回【名称、描述和设置】对话框，单击 下一步(N) > 按钮，随即弹出【创建共享文件夹向导】对话框，在对话框中用户可以设置文件夹的访问权限。如用户想要设置其他的权限，例如完全访问，还可以选中【自定义权限】单选按钮，然后单击 自定义(U)... 按钮。

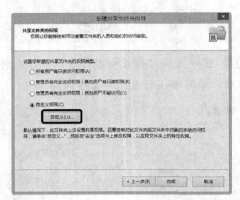

11 随即弹出【自定义权限】对话框，在【共享权限】选项卡中为用户账户"Everyone"（任何用户）设置权限，选中【Everyone的权限】列表框中的【更改】和【读取】对应的复选框。

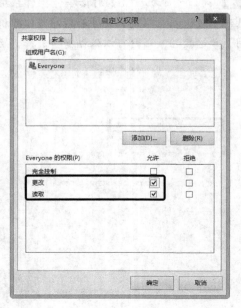

12 用户还需要在【安全】选项卡中添加"Everyone"用户账户，才能允许其他计算机访问和读取共享文件夹。切换到【安全】选项卡，单击 编辑(E)... 按钮。

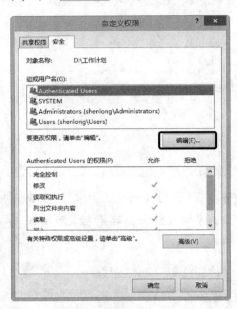

13 弹出【工作计划 的权限】对话框，在【组或用户名】列表框中列出了当前用户账户，单击 添加(D)... 按钮。

14 随即弹出【选择用户或组】对话框，在【输入对象名称来选择（示例）】文本框中输入用户账户"everyone"。

15 单击 检查名称(C) 按钮，系统会自动检查用户名是否可用，如不可用会给出提示，用户需要重新输入名称。如可用则会在名称上添加下划线，同时名称的首字母会变为大写。

16 找到可用的用户名，然后单击 确定 按钮即可把用户账户"Everyone"添加到【工作计划的权限】对话框中的【组或用户名】列表框中。选择"Everyone"选项，然后选中【Everyone的权限】列表框中的【列出文件夹内容】和【读取】对应的复选框。

17 单击 确定 按钮返回【自定义权限】对话框，可以在【安全】选项卡中看到新添加的"Everyone"用户对"工作计划"文件夹的权限。

18 单击 确定 按钮，返回【共享文件夹的权限】对话框，然后单击 完成 按钮，弹出【共享成功】对话框。

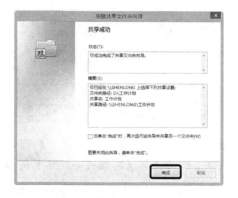

19 单击 完成 按钮，即可完成共享文件的设置。

12.2 访问公共办公资源

设置完共享文件夹后，该局域网内的其他用户就可以访问该共享文件夹了。

12.2.1 关闭密码保护共享

在访问其他电脑上的共享文件之前，首先要确保要访问的电脑没有设置密码保护共享，在访问设置了密码保护共享的电脑的共享文件时，需要输入密码。

关闭密码保护共享的具体操作步骤如下。

1 在右下角任务栏中的【网络 Internet访问】按钮上单击鼠标右键，在弹出的快捷菜单中选择【打开网络和共享中心】菜单项。

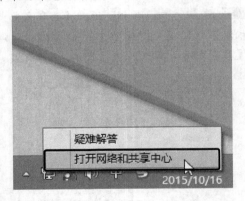

2 随即弹出【网络和共享中心】窗口，单击窗口左侧的【更改高级共享设置】链接。

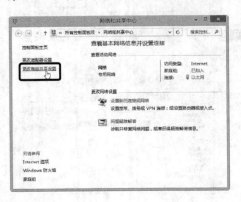

3 找到【家庭或工作组（当前配置文件）】组中【密码保护的共享】选项，选中【关闭密码保护共享】单选按钮。单击 **保存更改** 按钮，返回【网络和共享中心】窗口，关闭【网络和共享中心】窗口即可。

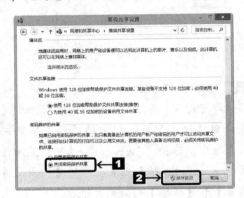

提示

如果用户没有选择【关闭密码保护共享】选项，那么访问共享文件夹时就需要输入用户名和密码，此时输入的用户名和密码必须是共享文件的Windows 8操作系统已经存在的账户（空密码账户不可用）。

12.2.2 访问共享文件夹

访问局域网内的共享文件可通过以下方式实现。

1 按【开始】+【R】组合键即可弹出【运行】对话框，在文本框中输入要访问的电脑的IP地址，这里输入\\192.168.1.77，然后单击 确定 键确认。

2 即可打开该电脑上的共享文件。

12.3 关闭共享公共办公资源

对一些机密的或不必共享的公共办公资源可将其共享关闭，以节约他人查找共享资源的时间。

关闭共享文件夹的具体操作步骤如下。

1 选中需要关闭共享的文件夹，在文夹上单击鼠标右键，在弹出的快捷菜单中选择【属性】菜单项。

2 随即弹出【zhm属性】对话框，在对话框中单击 高级共享(D)... 按钮。

3 随即弹出【高级共享】对话框，在对话框中将【共享此文件夹】前面的复选框取消选中，然后单击 确定 按钮。

4 返回【zhm属性】对话框，即可看到zhm文件夹的共享已经关闭。

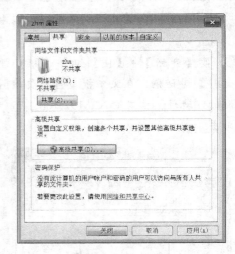

高手过招

限制共享用户个数

1 在共享文件夹上单击鼠标右键，在弹出的快捷菜单中选择【属性】菜单项。

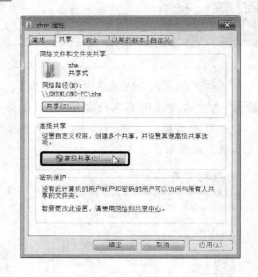

2 随即弹出【zhm属性】对话框，在对话框中单击 高级共享(D)... 按钮。

3 随即弹出【高级共享】对话框，在对话框中【将同时共享的用户数量限制为】微调框中输入要限制的共享用户的数量，这里输入"15"，注意系统默认的同时共享的用户数量的最大数量为20，输入完成后单击 确定 按钮。

4 返回【zhm属性】对话框，单击 关闭 按钮关闭对话框即可。

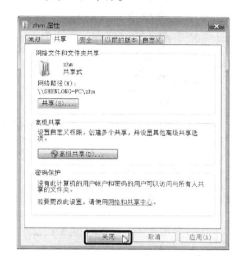

结束没有响应的程序

一般情况下，当某个程序在运行过程中没有响应，则用户会试图关闭该程序。但有些情况下没有相应的程序是不能关闭的，这样会占用很多的CPU资源，从而导致电脑性能的下降，使得电脑运行缓慢，此时用户可以利用任务管理器来结束没有响应的程序，具体的操作步骤如下。

1 在桌面的任务栏上单击鼠标右键，在弹出的快捷菜单中选择【任务管理器】菜单项。

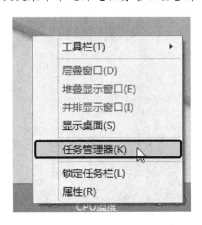

2 随即打开【Windows任务管理器】窗口，切换到【应用程序】选项卡，在【任务】列表中选中没有响应的程序，然后单击 结束任务(E) 按钮即可将该程序结束。

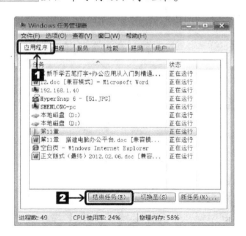

3 若此时还不能结束没有响应的程序，则可切换到【进程】选项卡，在【映像名称】列表中选中需要结束的程序，然后单击 结束进程(E) 按钮。

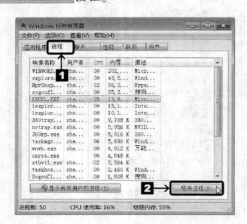

4 随即弹出【Windows任务管理器】对话框，询问用户是否要结束进程。单击 结束进程(E) 按钮即可将该程序结束。

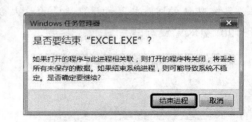

第13章

在Interner上办公

随着网络技术的飞速发展，我们已经进入网络信息时代，互联网给人们日常生活和工作带来的便利无处不在，人们可以方便地利用网络找到自己需要的知识、想要的信息等。熟练地使用网络对日常的工作有着十分重要的作用。

关于本章的知识，本书配套教学光盘中有相关的多媒体教学视频，请读者参见光盘中的【全能办公\在Interner上办公】。

初识IE11浏览器

利用网络办公就离不开上网的工具——浏览器，在众多的浏览器中IE11浏览器方便快捷。

IE11浏览器的主界面如图所示。

○ 标题栏

标题栏用于显示网页的标题，其标题栏右侧的3个窗口控制按钮分别为【最小化】按钮 █ 、【最大化】按钮 🔲（当窗口最大化之后变为【向下还原】按钮 ）和【关闭】按钮 ✕ 。

○ 地址栏

在地址栏中显示的是正在浏览的网页的网址，也可在此输入要浏览的网址。单击右端的下拉箭头按钮 ⌄ ，可显示以前浏览过的网址。

○ 菜单栏

菜单栏中存放的是浏览器中最常用的菜单命令。

○ 搜索栏

在搜索栏中输入关键词，然后单击【搜索】按钮 ⌕ ，即可对输入的内容进行搜索。

○ 状态栏

状态栏用于显示当前浏览器的工作状态。

○ 工作区

工作区用于显示当前网页的具体内容。

○ 命令栏

命令栏包括一些常用的工具按钮，其中有【主页】按钮 ⌂ 、【阅读邮件】按钮 ✉ 等。

13.2 浏览网页内容

浏览网页是用户上网时最常用的操作，浏览网页可利用以下几种方法。

13.2.1 利用地址栏浏览

利用地址栏浏览网页可以省去二次查找的麻烦，节约浏览网页的时间，但利用地址栏浏览网页的前提是要知道浏览的网页的网址。

下面以浏览凤凰网为例进行介绍。

1 在IE11浏览器的地址栏中输入凤凰网的网址"www.ifeng.com"，然后按【Enter】键确认。

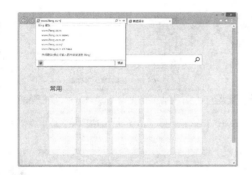

2 即可将凤凰网的首页打开。

如果用户想要浏览自己曾经访问过的网站，那么只要单击地址栏右侧的下拉按

钮 ∨ ，在其下拉列表中即可找到自己曾经访问过的网站，单击即可访问。

例如想要访问曾经访问过的淘宝网，只需在弹出的下拉列表中选择淘宝网，并单击即可。

单击淘宝网网址即可进入淘宝网页。

13.2.2　利用超链接

超链接是从一个网页指向另一个网页的一种链接关系，用户通过超链接可以在不同的网页之间或同一网页的不同位置之间快速地切换。

网页上的超链接一般分为网址超链接、文字超链接和图片超链接3种类型。

1. 网址超链接

网址超链接也称为绝对URL超链接，它以一个网页或网站的完整路径来作为超链接。将鼠标指向带有超链接的网址时，鼠标指针变成🖑形状，单击即可将该网页或网站打开。

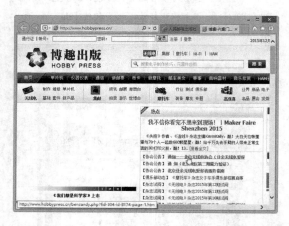

2. 文字超链接

文字超链接是通过设置了超链接的文字

来实现网页或网站之间的跳转。一般情况下设置了超链接的文字是蓝色的并且下面都有一条下划线。

将鼠标指针移动到带有超链接的文字上时，鼠标指针也会变成🖑形状，此时单击文字超链接即可跳转到指定的网页或网站。

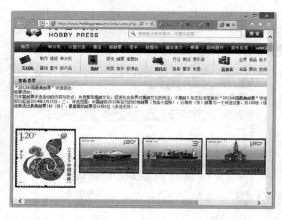

3. 图片超链接

带有超链接的图片与普通的图片一样，但当鼠标指向添加了超链接的图片时，鼠标指针会变成🖑形状。单击该图片即可跳转到该图片链接到的网页或网站。

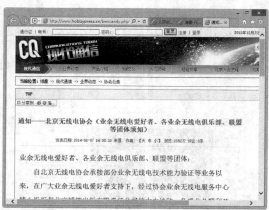

13.2.3 利用选项卡

IE11新增了选项卡的功能，用户可在IE11浏览器中同时打开多个网页，每一个网页都会在一个单独的选项卡上显示。

1. 打开多个网页

利用IE11的选项卡可以在浏览器中一次打开多个网页。

1 打开IE11浏览器，单击命令栏中的【新建标签】按钮。

2 即可弹出【新建选项卡】窗口，在地址栏中输入要打开的网站的网址，例如这里输入"www.baidu.com"，然后按【Enter】键，即可将该网址打开。

2. 设置新选项卡功能

为方便用户使用IE11浏览器，用户可根据自己的需要来对IE11浏览器进行设置。

1 打开IE11浏览器，单击  按钮，然后在弹出的下拉菜单中选择【Internet选项】菜单项。

2 随即弹出【Internet属性】对话框。在对话框中切换到【常规】选项卡，单击【选项卡】组中的 选项卡(T) 按钮。

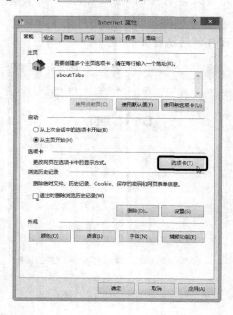

3 随即弹出【选项卡浏览设置】对话框。

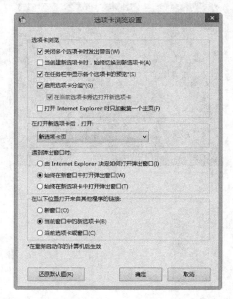

4 在【选项卡浏览设置】对话框中根据自己的需要来对浏览器进行设置。这里选中【打开Internet Explorer时只加载第一个主页】复选框；在【打开新选项卡后，打开：】下拉列表中选择【新选项卡页】菜单项；选中【始终在新选项卡中打开弹出窗口】单选按钮。设置完成后单击 确定 按钮即可。

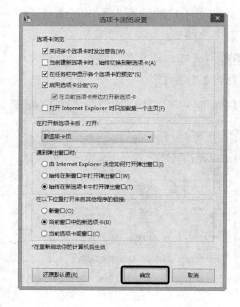

13.3 收藏与保存网页内容

用户在浏览网页时遇到自己需要的网页可将其收藏在自己的收藏夹内，除此之外还可将相关内容保存在电脑的硬盘中。

13.3.1 收藏网页

在IE11浏览器中可将感兴趣或经常用的网站收藏，方便以后再次访问。

下面以将百度首页添加到收藏夹为例介绍IE11浏览器收藏网站的具体步骤。

1 在IE11浏览器中打开要收藏的网站，单击收藏夹栏中的【添加到收藏夹】按钮☆ 。

2 打开需要添加到收藏夹的网页，然后单击 添加到收藏夹 ▼ 按钮，在弹出下拉菜单中选择【添加到收藏夹】菜单项。

3 随即弹出【添加收藏】对话框，在对话框中单击 新建文件夹(E) 按钮。

4 弹出【创建文件夹】对话框，在对话框【文件夹名】文本框中输入文件夹的名称，这里输入"网站"，然后单击 创建(A) 按钮。

5 返回【添加收藏】对话框，在【名称】文本框中可更改网页的名称，这里输入"百度首页"。

6 单击 添加(A) 按钮，即可将该网站添加到新建立的收藏文件夹内。

13.3.2 保存网页内容

用户在浏览网页时遇到自己感兴趣的网页不仅可以将该网站收藏，还可以将网页的内容保存到电脑的硬盘中。

1. 保存整个网页

1 在打开的要保存的网页中单击工具 ⚙ 按钮，选择【文件】➤【另存为】菜单项。

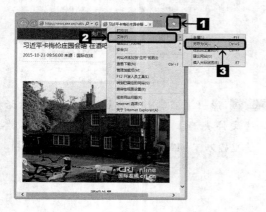

2 弹出【保存网页】对话框，在对话框中设置好网页的保存位置和名称。

3 单击 保存(S) 按钮，即可开始保存网页。

4 此时在保存位置即可看到该网页的文件夹，双击文件即可将网页打开。

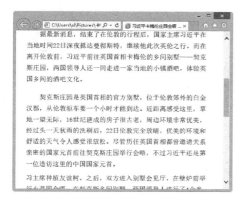

2. 保存网页上的图片

用户除能保存整个网页外，还可以只保存网页上的图片，具体的操作步骤如下。

1 在需要保存的图片上单击鼠标右键，然后在快捷菜单中选择【图片另存为】菜单项。

2 弹出【保存图片】对话框，在对话框的【文件名】下拉列表文本框中输入图片的名称，在【保存类型】下拉列表中选择合适的文件类型。

3 单击 保存(S) 按钮，即可将该图片保存在指定的位置。

提示

另外，用户还可以单击【命令栏】中的【页面】，然后在下拉列表中选择【另存为】菜单项，同样可以打开【保存网页】对话框。

3. 整理保存页面

用户在保存网页的同时也可以对网页进行相应的整理。

1 在保存的网页中单击 添加到收藏夹 ▼ 在下拉列表中点击【整理收藏夹】。

2 随即弹出【整理收藏夹】对话框。

3 单击 删除(D)... 按钮，删除后关闭即可。

第14章

收发电子邮件

信件在日常的交流沟通中起着十分重要的作用，电子邮件在现在的各种沟通手段中占据着十分重要的位置。使用电子邮件能节约时间和成本，而且方便快捷。

关于本章的知识，本书配套教学光盘中有相关的多媒体教学视频，请读者参见光盘中的【全能办公\收发电子邮件】。

14.1 申请免费的电子邮箱

现在许多网站都能提供免费的电子邮箱服务，用户可以根据自己的需要在相应的网站上申请免费的电子邮箱使用。

下面以申请网易的163邮箱为例，介绍免费电子邮件的申请步骤。申请163免费邮箱的具体步骤如下。

1 在IE浏览器的地址栏中输入以下网址"http://email.163.com/"，按【Enter】键确认，即可打开网易免费邮箱页面，单击页面中的【注册网易免费邮】超链接。

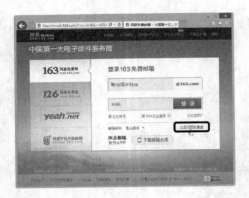

2 弹出注册页面，详细填写注册信息，然后选中【同意"服务条款"和"隐私权保护和个人信息利用政策"】复选框即可。

3 单击【立即注册】按钮，稍等片刻，即可弹出【注册成功】对话框。

4 单击【关闭】按钮，即可自动登录163网易免费邮箱的首页。

14.2 编辑和发送电子邮件

电子邮箱注册成功以后，接下来就可以给个人或单位写信，并收发电子邮件了。

14.2.1 写信

在日常工作和生活中，人们经常会使用免费电子邮箱编写个人信件和商业函件等，并发送给朋友或客户。

1. 填写基本信息

填写基本信息的具体步骤如下。

1 登录电子邮箱，然后单击 写信 按钮。

2 随即进入信件编辑界面。

3 首先在【收件人】文本框中输入收件人的电子邮箱。

4 在【主题】文本框中输入电子邮箱的主题。

5 在【内容】文本框中输入电子邮箱的详细内容。

2. 添加附件

添加附件的具体步骤如下。

1 在信件编辑界面中单击 **@添加附件** 超链接。

2 弹出【选择要加载的文件】对话框，选中上载的文件。

3 单击 **打开(O)** 按钮，此时即可将选中的文件以附件的形式上载到电子邮件中。

3. 设计信纸

写信时，用户可以根据需要设置信纸的底图。

1 在信件编辑界面的右侧单击 按钮，然后选中一种合适的信纸模板，例如选中【冬日】选项。

2 添加底图后的信件内容如下图所示。

3 邮件编辑完成后，用户可以单击 预览 按钮，查看信件的预览效果，如果要打印信件，直接单击 打印该邮件 按钮即可。

14.2.2　发送邮件

邮件编辑完成后，接下来就可以将其存为草稿，并发送邮件了。

1. 保存草稿

写信时，系统会每隔一段时间自动保存编辑的内容。用户也可以直接单击 存草稿 按钮保存草稿。

2. 发送邮件

设置姓名，并发送邮件的具体步骤如下。

1 在信件编辑界面单击 发送 按钮，弹出要求用户设置姓名。

2 设置完成后，单击 发送 按钮，此时邮件进入发送状态。发送完成后，系统会提示用户"发送成功"。

3. 查看已发送邮件

1 在左侧的导航窗格中选择【已发送】菜单项，此时即可查看所有已经发送的电子邮件。

2 双击要查看的电子邮件，即可查看信件的详细内容。

14.3 接收和回复电子邮件

在日常工作和生活中，人们经常会收到来自客户或朋友的一些电子邮件。用户可以根据需要接收或回复电子邮件。

14.3.1 接收电子邮件

用户应当定期查看自己的电子邮箱，以便及时与客户或朋友进行信息交流。

1. 查收未读邮件

查收未读邮件的具体步骤如下。

1 每次打开电子邮箱后，系统会在首页提示邮箱中是否存在"未读邮件"及"个数"。

2 在首页中单击 收件箱(4) 超链接，此时即可打开未读邮件。

3 双击未读邮件，此时即可将其打开。

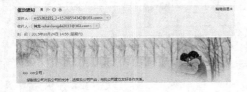

2. 查看附件

查看附件的具体步骤如下。

1 单击 查看附件 超链接。

2 此时，即可弹出附件的详细信息。

3 单击 超链接，此时即可浏览附件的详细内容。

4 如果要下载附件，单击下载超链接，此时即可弹出提示框。

5 单击【保存】按钮右侧的下三角按钮，在弹出的下拉列表中选择【另存为】选项即可下载附件。

6 下载完毕，此时即可在保存位置查看下载的文件。

14.3.2 回复电子邮件

用户应当定期查看自己的电子邮箱，以便及时与客户或朋友进行信息交流。

回复电子邮件的具体步骤如下。

1 打开收到的电子邮箱后，单击回复按钮。

2 此时，即可进入写信状态，并自动显示发件人和收件人的信息，然后编写邮件内容即可。

3 编写完毕，单击发送按钮，进入发送状态，发送完成后，系统会提示用户"发送成功"。

高手过招

不可不用的163网盘

163网盘是网易公司推出的在线存储服务。向用户提供文件的存储、访问、备份、共享等文件管理功能。用户可以根据需要使用网盘存储多媒体、文档、图片、音乐、软件等，非常方便快捷。

1 登录邮箱，在左侧的导航窗格中选择【文件中心】➤【网盘】菜单项。

2 此时即可进入网盘界面。

3 单击 上传文件 按钮。

4 选择合适的图片，然后单击 打开(O) 按钮。

5 返回网盘界面，此时即可将选中的图片上传到【我的图片】文件夹中。

第15章

常用辅助办公软件的使用

在日常办公中会遇到文件的压缩、备份、阅读，图片的查看、处理等情况。掌握一些基本的辅助办公软件的使用方法对我们日常的办公有着十分重要的作用。本章将介绍一些常见的辅助办公软件的使用方法。

关于本的章知识，本书配套教学光盘中有相关的多媒体教学视频，请读者参见光盘中的【办公软件及设备的应用\常见辅助办公软件的使用】。

15.1 文件压缩软件**WinRAR**

在文件的传输过程中，文件的大小是影响文件传输速度的一个重要的因素，对于过大的文件可对其进行压缩，以节约文件传输的时间。

15.1.1 下载和安装WinRAR

WinRAR是一款功能强大的压缩包软件，它不仅能对从Internet上下载的RAR文件进行压缩，而且能新建RAR、ZIP等压缩文件，是目前最为实用的一款压缩软件。

下载和安装WinRAR的具体步骤如下。

1 启动IE浏览器，在地址栏中输入"http://www.winrar.com.cn/"，然后按【Enter】键，打开WinRAR的官方下载页面。

2 单击"下载试用"，打开"软件下载"页面，在"下载列表"的"WinRAR5.21简体中文个人版"下单击"32位下载"或"64位下载"按钮。

3 随即弹出【文件下载－安全警告】对话框，直接单击 保存(S) 按钮。

4 弹出【另存为】对话框，接下来设置合适的保存路径，例如将其保存在D盘。

5 单击 保存(S) 按钮，此时即可看到下载进度，下载完毕，单击 运行(R) 按钮。

6 随即弹出安装界面，根据需要设置目标文件夹的安装路径，然后单击 安装 按钮。

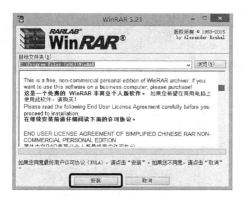

7 在安装界面中的【WinRAR的关联文件】组合框中选中【RAR】、【ZIP】和【GZip】复选框，在【界面】组合框中选中【创建WinRAR程序组】复选框。

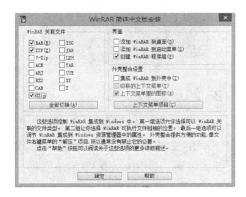

8 单击 确定 按钮，在弹出的【WinRAR简体中文版安装】对话框中单击 完成 按钮，此时即可完成WinRAR的安装。

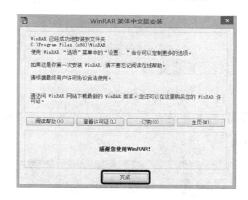

9 此时，在桌面上单击【开始】按钮 ，即可看到安装后的文件压缩软件WinRAR。

15.1.2　压缩和解压文件

安装了WinRAR后，接下来就可以使用WinRAR压缩和解压缩文件了。

1. 压缩文件

压缩文件的具体步骤如下。

1 打开软件在菜单中选择【添加到压缩文件】菜单项。

2 弹出【压缩文件名和参数】对话框，切换到【常规】选项卡，选中【RAR】单选按钮。

3 单击 确定 按钮，进入压缩状态。

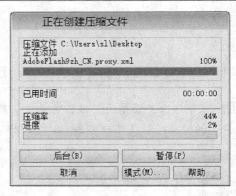

4 压缩完毕，此时即可在源文件的保存位置生成一个压缩包。

2. 解压文件

解压文件是压缩文件的逆操作。用户在网上下载的文件经常是以压缩包的形式存在的，此时就可以使用WinRAR解压文件，具体步骤如下。

1 选中要解压的文件包，然后选择【解压文件】菜单项。

2 弹出【解压路径和选项】对话框，切换到【常规】选项卡，然后选中合适的更新方式和覆盖方式。

3 单击 确定 按钮，进入解压状态。

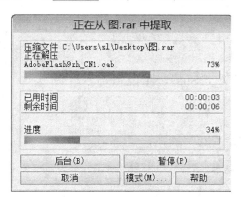

4 解压完毕，此时即可在压缩包的保存位置得到相应的解压文件夹。

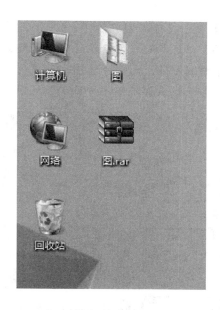

3. 对压缩文件进行加密

很多时候需要给打包的压缩文件加上密码，WinRAR有这项功能。具体的操作步骤如下。

1 在【压缩文件名和参数】对话框中，选择【常规】选项卡，然后单击 设置密码(P)... 按钮。

2 弹出【输入密码】对话框，选中【显示密码】单选按钮，然后在【输入密码】文本框中输入密码，此处输入123。设置完毕，单击 确定 按钮即可进入压缩状态。

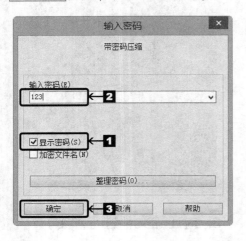

3 压缩完毕。解压一个设有密码压缩文件时，系统会弹出【输入密码】对话框，用户只有输入正确的密码才能进行解压操作。

15.2 看图软件ACDSee

ACDSee是非常流行的看图工具之一，它广泛地应用于图片的获取、管理以及优化等各个方面。

15.2.1 ACDSee的主界面

在桌面上双击ACDSee软件的快捷图标，即可打开ACDSee软件的主界面。

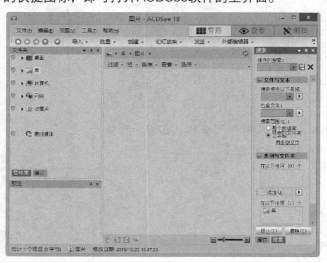

15.2.2 浏览图片

使用ACDSee软件，用户既可以直接打开并查看要浏览的图片，又可以在主界面中打开并浏览图片。

1. 直接打开图片

直接打开图片的具体步骤如下。

1 选中要打开的图片，然后单击鼠标右键，在弹出的快捷菜单中选择【打开方式】➤【ACDSee 18】菜单项。

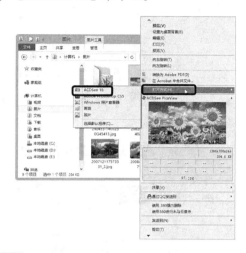

2 此时即可打开选中的图片。

3 在浏览界面中，单击【上一个】按钮《上一个》和【下一个】按钮下一个》，即可浏览上一张或下一张图。

4 单击【右转】按钮和【左转】按钮，图片将进行向右或向左的旋转，效果如图所示。

5 单击【放大】按钮和【缩小】按钮，此时图片将进行放大或缩小。

6 另外，用户还可以全屏浏览图片，在浏览界面中，单击【全屏幕】按钮。

7 图片的全屏效果如下图所示。

2. 从主界面中打开图片

从主界面中打开图片的具体步骤如下。

1 在ACDSee软件主界面中，选择【文件】➤【打开】菜单项。

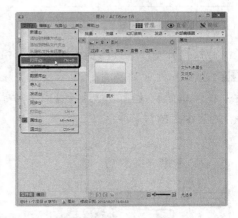

2 弹出【打开文件】对话框，然后选中要打开的图片。

3 此时即可打开选中的图片。

4 随即弹出ACDSee软件窗口，并自动切换到【视图】选项卡，此时单击 `<上一个` 按钮，即可查看上一张图片。

3. 自动浏览图片

如果浏览的图片较多，用户可以使用ACDSee软件的幻灯放映功能来实现图片的自动播放。具体的操作步骤如下。

1 切换到【管理】选项卡，选择【幻灯放映】➤【幻灯放映】菜单项。

2 此时，图片进入放映状态，效果如下图所示。

15.2.3 编辑图片

使用ACDSee软件还可以对图片进行文字添加、裁剪、设置曝光度以及调整色彩等方面的修改。

1. 添加文字

添加文字的具体步骤如下。

1 打开要编辑的图片，切换到【编辑】选项卡，随即在主界面的左侧弹出【编辑工具】任务窗格，然后在【添加】组中单击 T 文本按钮。

2 此时即可切换到【添加文本】界面，在文本框中输入文字"诞生"，然后设置字体、颜色和加粗。

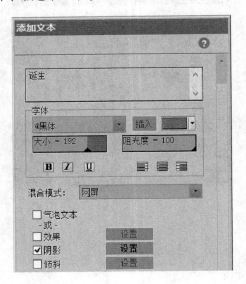

3 设置完毕，单击【编辑工具】任务窗格下方的 完成 按钮。

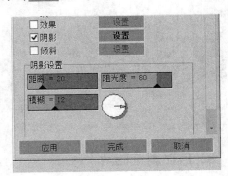

4 设置完毕，添加文字后的效果如图所示。

2. 裁剪图片

裁剪图片的具体步骤如下。

1 在【编辑工具】任务窗格中，单击【几何形状】组中的 裁剪 按钮。

2 此时即可切换到【裁剪】界面。

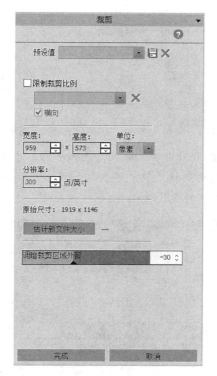

3 此时在选中的图片上出现8个控制点。

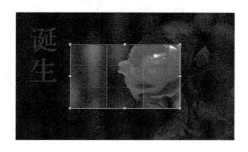

4 将鼠标指针移动到任意1个控制点上，此时鼠标指针变成双向斜箭头，按下鼠标左键不放，拖动鼠标即可调整裁剪区域。

5 裁剪完毕，单击【编辑工具】任务窗格下方的 完成 按钮，效果如图所示。

3. 曝光

使用ACDSee软件可以调整图片的曝光度。具体的操作步骤如下。

1 在【编辑工具】任务窗格中，单击【曝光/照明】组中的 曝光 按钮。

2 此时即可切换到【曝光】界面，然后拖动鼠标左键，调整曝光、对比度、填充光线的数值即可。

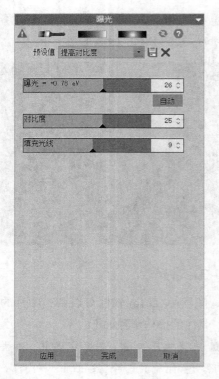

2 此时即可切换到【色彩平衡】界面，然后拖动鼠标左键，调整饱和度、色调、亮度和颜色的数值即可。

3 调整完毕，单击【编辑工具】任务窗格下方的 完成 按钮，曝光效果如图所示。

4. 调整色彩

使用ACDSee软件的色彩平衡功能，可以调整图片的色彩。具体的操作步骤如下。

1 在【编辑工具】任务窗格中，单击【颜色】组中的 色彩平衡 按钮。

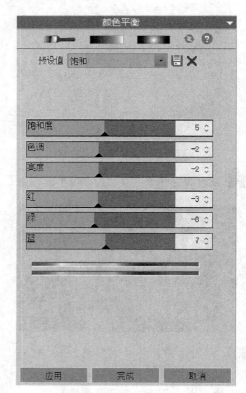

3 调整完毕，单击【编辑工具】任务窗格下方的 完成 按钮，设置效果如图所示。

4 图片编辑完成以后，在【编辑工具】任务窗格中，单击 保存 按钮，在弹出的下拉列表中选择【保存】选项即可将其保存。

15.2.4 管理图片

1. 批处理

ACDSee软件具有批处理功能，用户可以对图片的大小、格式、旋转、曝光等要素进行批处理。接下来介绍怎样批量调整图片的大小，具体步骤如下。

1 打开要处理图片的文件或文件夹，按【Ctrl】+【A】组合键，选中所有图片，在主界面窗口中切换到【管理】选项卡，单击【批量】➤【调整大小】菜单项。

2 弹出【批量调整图像大小】对话框，选中【以像素计的大小】单选按钮。

3 在【高度】和【宽度】文本框中将高度和宽度的像素值统一调整为"500"。

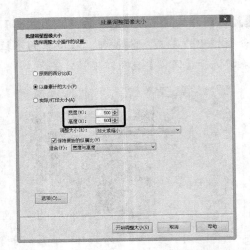

4 单击 开始调整大小(S) 按钮，进入批量调整状态。

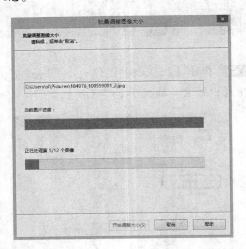

5 调整完毕，单击 完成 按钮即可。

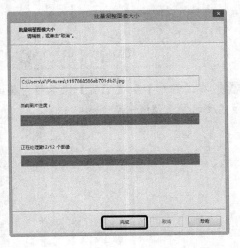

2. 生成PDF

使用ACDSee软件可以将大量图片生成PDF文件。具体步骤如下。

1 选中所有图片，在主界面窗口中，切换到【管理】选项卡，单击【创建】➤【PDF】菜单项。

2 弹出【创建PDF向导】对话框，在【选择要创建的PDF类型】组合框中选中【创建PDF 幻灯放映】单选按钮。

3 单击 下一步(N) > 按钮，此时即可查看选择的图片。

4 单击 下一步(N) > 按钮，此时可以设置显示图像时的转场效果。

5 单击 下一步(N) > 按钮，此时可以设置相册的前进方式、文件名以及保存位置。

6 单击 下一步(N) > 按钮，此时即可进入生成状态。

7 生成完毕，单击 完成 按钮即可。

8 如果用户要查看生成的PDF文件，可以在上一步操作中直接单击 启动PDF 按钮，或者在文件的保存位置双击其图标。生成后的PDF如下图所示。

3. 生成PPT

使用ACDSee软件也可以生成PPT文件，具体步骤如下。

1 选中所有图片，在主界面窗口中，切换到【管理】选项卡，单击【创建】➤【PPT】菜单项。

2 弹出【创建PPT向导】对话框，此时即可查看选择的图片。

3 单击 下一步(N) > 按钮，在【演示文稿选项】组中选中【新的演示文稿】单选按钮。

4 单击 下一步(N) > 按钮，此时可以设置文本选项。

5 单击 创建 按钮，此时即可创建一个名为"演示文稿1"的PPT文件。

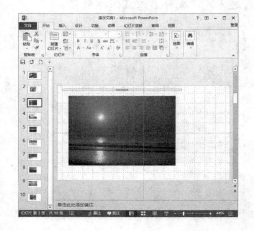

15.3 PDF阅读器——Adobe Reader

Adobe Reader软件是一款常用的PDF文件阅读器，用户可以使用
Adobe Reader软件查看、打印和管理PDF。

15.3.1 Adobe Reader软件的主界面

Adobe Reader软件的主界面由菜单栏、工具栏、导航窗格和工作区等部分组成。

菜单栏主要包括文件、编辑、视图、窗口、帮助等多个菜单项，用于管理、编辑、查看和打印PDF文件。

工具栏主要由一些常用命令组成，例如"联机服务""打印""浏览视图""显示比例""添加批注"和"高亮文本"等按钮。

导航窗格位于Adobe Reader软件主界面窗口的左侧，主要包括页面缩略图和查看附件两部分内容。

工作区是Adobe Reader软件主界面的主要组成部分。在工作区内，用户可以对文本或图片进行编辑操作。

15.3.2 编辑操作

使用Adobe Reader软件，用户可以对PDF文件中的文字和图片进行复制、粘贴、删除和拍快照等操作。

1. 打开PDF文件

使用Adobe Reader软件打开PDF文件的具体步骤如下。

1 选中要打开的PDF文件，然后单击鼠标右键，在弹出的快捷菜单中选择【打开方式】菜单项。

2 在弹出的下级菜单中选择【Adobe Reader】选项。

3 此时即可打开PDF图片。

2. 编辑文本

使用Adobe Reader软件既可以在PDF文档中复制文本，还可以设置高亮显示，具体步骤如下。

1 在工作区单击鼠标右键，在弹出的快捷菜单中选择【选择工具】菜单项。

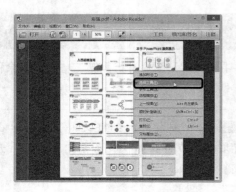

2 选中要编辑的文本，单击鼠标右键，在弹出的快捷菜单中选择【复制】菜单项。

3 在要粘贴文本的文件中，按【Ctrl】+【V】组合键，即可完成文本的复制和粘贴。

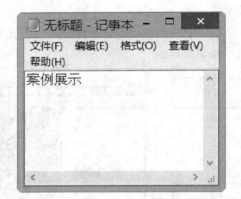

4 选中要编辑的文本，单击鼠标右键，在弹出的快捷菜单中选择【高亮文本】菜单项。

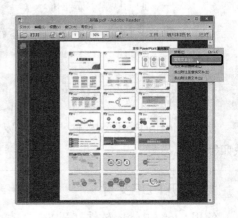

5 此时选中的文本出现黄色的底纹，效果如图所示。

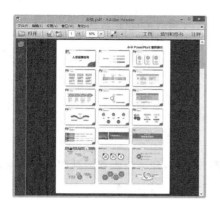

3. 编辑图片

使用Adobe Reader软件还可以将PDF文件中的图片复制到其他文件中，具体步骤如下。

1 在工作区单击要复制的图片，此时即可将其选中。

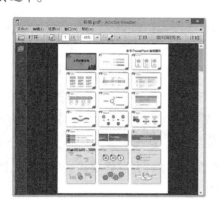

2 在选中的图片上单击鼠标右键，在弹出的快捷菜单中选择【复制图像】菜单项。

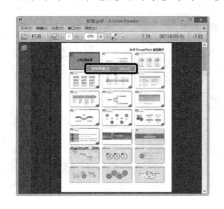

3 在要粘贴图片的文件中，按【Ctrl】+【V】组合键，此时，即可完成图片的复制和粘贴。

4. 拍快照

使用Adobe Reader软件可以为PDF文件拍摄快照，具体步骤如下。

1 在Adobe Reader软件主界面窗口中，单击【编辑】➤【拍快照】菜单项。

2 此时，鼠标指针变成十字形状，拖动鼠标左键，选择要拍摄的区域。

3 选择完毕，释放左键，随即弹出【Adobe Reader】对话框，并提示用户"选定的区域已被复制"，然后单击 确定 按钮即可。

4 在Word文档中，单击鼠标右键，在弹出的快捷菜单中选择【粘贴选项】菜单项。

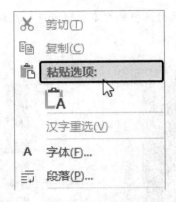

5 此时，即可将拍摄的快照粘贴在Word文档中，效果如图所示。

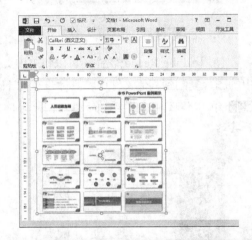

15.3.3 视图操作

使用Adobe Reader软件，用户可以采用单页、双页、阅读、全屏等模式查看PDF文档的视图效果。另外，用户还可以使用导航窗格快速浏览PDF文档。

1. 常用视图模式

PDF文件的常用视图模式有单页、双页、阅读和全屏等模式。

1 在Adobe Reader软件主界面窗口中，单击【视图】➤【页面显示】➤【双页视图】菜单项。

2 双页视图的效果如下图所示。

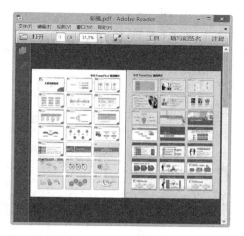

3 在Adobe Reader软件主界面窗口中，单击【视图】➤【阅读模式】菜单项。

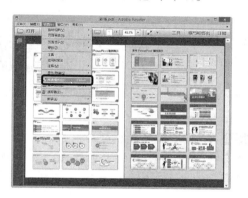

4 此时即可切换到阅读视图模式，并弹出【阅读】工具栏，用户可以单击【显示下一页】按钮和【显示上一页】按钮，浏览下一页或上一页。

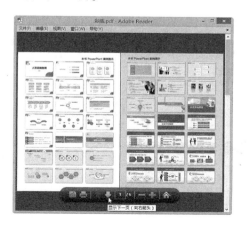

5 在Adobe Reader软件主界面窗口中，单击【视图】➤【全屏模式】菜单项。

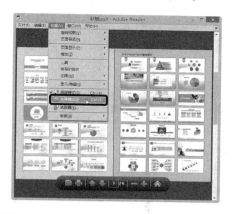

6 此时即可切换到全屏视图模式，效果如下图所示。

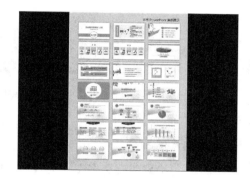

2. 使用导航窗格

在Adobe Reader软件主界面窗口中，使用导航窗格可以方便、快捷地浏览PDF文档。

1 在Adobe Reader软件主界面窗口中，单击左侧的【页面缩略图】按钮。

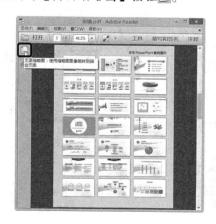

2 随即在窗口左侧弹出【页面缩略图】导航窗格。

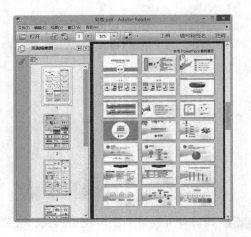

3 在【页面缩略图】导航窗格中，单击相应浏览文档的页码，即可快速定位到该页。

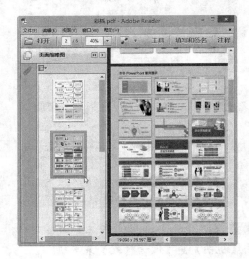

15.3.4 文件管理

使用Adobe Reader软件，用户可以将PDF文档另存为txt文件，还可以直接打印PDF文件。

1. 另存为文本

将PDF文件另存为文本文件的具体步骤如下。

1 在Adobe Reader软件主界面窗口中，单击【文件】➤【另存为其他】➤【文本】菜单项。

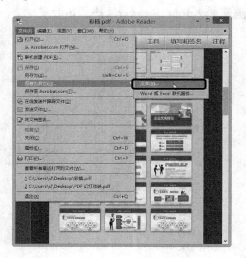

2 弹出【另存为】对话框，选择合适的保存位置、保存类型、文件名，然后单击 保存(S) 按钮。

3 此时，即可生成一个txt文件。

4 双击txt文件，即可将其打开。

2. 打印PDF

打印PDF文件的具体步骤如下。

1 在Adobe Reader软件主界面窗口中，单击【文件】➤【打印】菜单项。

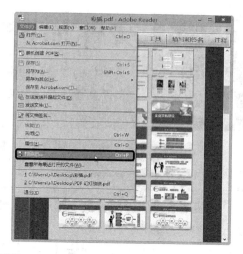

2 弹出【打印】对话框，用户可以根据需要设置打印机类型、份数、页面大小和方向等选项。

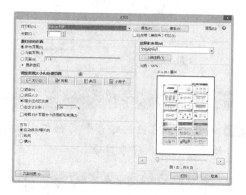

3 设置完毕，单击 打印 按钮即可。

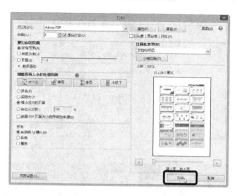

15.4 文件加密和备份软件——隐身侠

文件的安全和保密，是企业的一项重要工作。隐身侠是一款用于保护电脑文件及移动存储设备文件的安保软件，既能对重要文件进行加密，还能实现文件备份和数据恢复。

15.4.1 注册账号

安装了隐身侠以后，接下来应该注册账号。注册账号的具体步骤如下。

1 在软件登录窗口中，单击【账号】文本框右侧的 免费注册 超链接。

3 单击 注册 按钮，成功注册后，自动进入隐身侠操作界面。

2 随即弹出【注册账号】对话框，从中输入合适的用户名、登录口令。

15.4.2 创建保险箱

保险箱是存放加密文件的存储空间。为文件或文件夹加密前，必须创建保险箱。

创建保险箱的具体步骤如下。

1 在软件主窗口中，单击 ➕ 新建保险箱 按钮。

2 弹出【创建保险箱】对话框，然后设置保险箱的磁盘位置、容量及名称，单击 开始创建 按钮。

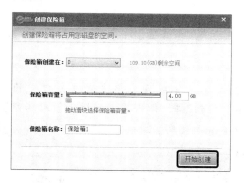

3 创建完毕，此时即可在软件窗口中看到保险箱。

4 此时，用户可以在计算机硬盘中查看创建的保险箱。

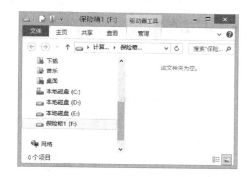

15.4.3　为文件加密

为文件加密的具体步骤如下。

1 在软件主窗口中，单击【加密】按钮 加密 ，弹出【文件加密】对话框，然后单击【添加文件】按钮 ＋ 添加文件 。

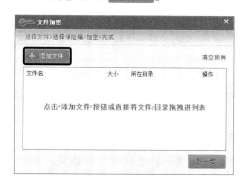

2 弹出【打开】对话框，然后选择要打开的文件。

3 单击 选择 按钮，此时选中的文件就添加到了【文件加密】对话框中。

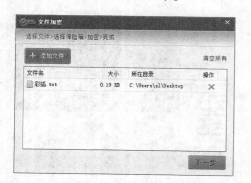

4 单击【下一步】按钮 下一步 ，选进入加密状态，加密完成，单击 完成 按钮即可。

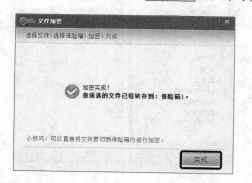

5 在软件主窗口中，双击保险箱，然后单击 查看 按钮。

6 在软件主窗口中，双击保险箱，然后单击 查看 按钮，此时即可查看保险箱中的加密文件。

7 加密完成后，单击软件窗口中的【关闭】按钮 × ，弹出【关闭提示】对话框，选中【退出程序】单选按钮，然后单击 确定 按钮即可。

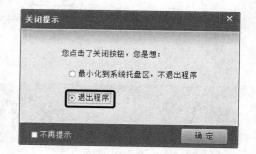

15.4.4 为文件备份

目前，公司文件、个人资料都是以电子文档的形式存储在电脑、U盘或者移动硬盘上。一旦发生数据损坏或者遗失，后果将不堪设想。因此，异地备份成了不可或缺的安保措施。

为文件备份的具体步骤如下。

1 重新登录软件。

2 在软件主窗口中，双击保险箱，然后单击 备份 按钮。

3 弹出【创建新备份】对话框，输入备份名，单击 浏览 按钮。

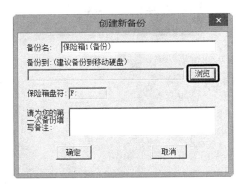

4 弹出【浏览文件夹】对话框，然后选择本地磁盘（D:）。

5 单击 确定 按钮返回【创建新备份】对话框。

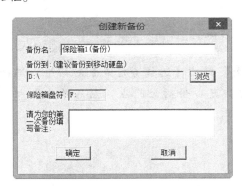

6 单击 确定 按钮，弹出【提示】对话框，并提示用户"数据备份完成"，然后单击 确定(0) 按钮即可。

15.4.5 恢复数据

在日常工作中，可能会发生误删保险箱或磁盘损坏等情况，造成保险箱数据无法正常读取，此时，隐身侠的"恢复"功能可以恢复保险箱内的文件。

恢复数据的具体步骤如下。

1 在软件窗口中，双击保险箱，然后单击 恢复 按钮。

2 弹出【选择备份点】对话框，选择想要恢复备份的时间点，然后单击 确定 按钮。

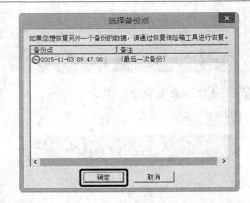

3 随即进行数据恢复，恢复完成，弹出【提示】对话框，然后单击 确定 按钮。

第16章

常用办公设备的使用

企业常用的办公设备包括打印机、传真机、扫描仪和刻录机等。掌握这些办公设备的使用、保养以及维修的方法，可以提高工作效率，轻松实现高效办公！

关于本章的知识，本书配套教学光盘中有相关的多媒体教学视频，请读者参见光盘中的【办公软件及设备的应用\常用的办公设备】。

16.1 安装和使用打印机

打印机是重要的计算机输出设备之一，主要功能是将计算机处理结果打印在纸张上。正确安装和使用打印机，是办公人员必须掌握的技能之一。

16.1.1 认识与安装打印机

打印机是日常办公中最常用的设备之一，接下来介绍打印机的种类以及安装方法。

○ 打印机的主要类型

打印机有多种分类方法，按照打印机的工作方法可以将其分为击打式打印机和非击打式打印机两个系列；按照打印出来的文件有无色彩可以将其分为单色打印机和彩色打印机两种；按照打印机的成像原理可以将其分为针式打印机、喷墨式打印机和激光打印机3种。

喷墨式打印机

喷墨式打印机主要分为单色和彩色两种。它的工作原理是：在强电场的作用下通过喷嘴将黑色或者彩色墨滴高速喷射到打印纸上形成图像或者文字。它的优点是打印速度快，分辨率高。

针式打印机

针式打印机是一种典型的击打式打印机，它的打印原理是：在接到打印命令时打印针向外撞击色带，将色带的墨迹打印到纸上。它的优点是：成本低、耗材省、维护费用低并且可以打印多层介质。

激光打印机

目前市场上结构最复杂、打印质量最好的打印机是激光打印机。激光打印机的工作原理是：在打印机开始工作时激光束就进行扫描，从而使鼓面感光，构成负电荷阴影，

鼓面经过带正电的墨粉时其感光部分就吸附上墨粉，再将墨粉转印到纸上，纸张上的墨粉经过一个热量很高的滚筒时被加热熔化从而在纸上形成图像或文字。激光打印机的优点是：打印质量高、打印速度快、分辨率高、噪声小以及色彩鲜艳等。

◎ 安装打印机

了解了各种打印机的工作原理及其优点之后，如果要使用打印机打印文件，首先要在电脑上安装打印机驱动程序，接下来以公司新购置的喷墨式打印机为例，详细介绍安装打印机的具体步骤。

1 将打印机连接到电脑上，插好电源，然后将打印机驱动程序光盘放入光驱中，系统会自动地弹出【欢迎！】对话框，接着单击 下一步(N) 按钮。

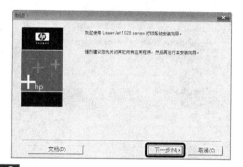

2 弹出【最终用户许可协议】对话框，阅读完许可协议之后单击 是(Y) 按钮。

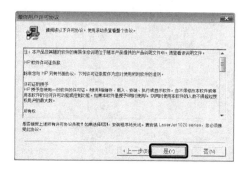

3 弹出【型号】对话框，在【型号】列表框中选择用户正在安装的打印机的型号，选择完毕单击 下一步(N) 按钮。

4 弹出【开始复制文件】对话框，显示出当前的打印机安装设置，如果对该设置满意则可单击 下一步(N) 按钮。

5 此时系统即可开始复制文件，并显示出复制进度。

6 稍等片刻将会弹出 【LaserJet 1020 series 打印系统安装】对话框，单击 <上一步(B) 按钮。

7 稍等片刻即可完成文件的复制操作并弹出【安装完成】对话框，最后单击 完成(F) 按钮关闭此对话框即可。

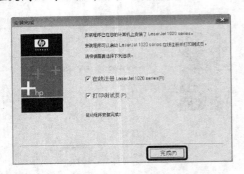

8 单击 确定 按钮，进入打印状态，稍等片刻即可将测试页打印出来。

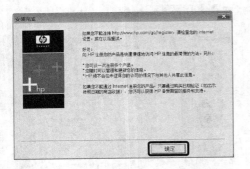

9 单击【开始】 ██ 按钮，选择【控制面板】菜单项。

10 随即进入控制面板界面，单击【设备和打印机】选项。

11 随即进入设备和打印机界面，此时即可看到安装完成的打印机"HP LaserJet 1020"，并设置成默认打印机。

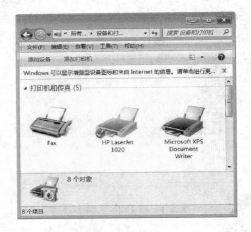

16.1.2 使用打印机

安装完打印机驱动程序以后，就可以开始打印文件了，接下来介绍打印文档的具体步骤。

1 打开要打印的文档，单击 文件 按钮，在弹出的下拉菜单选择【打印】菜单项。

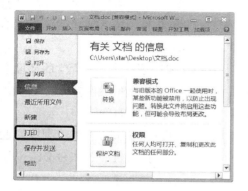

2 随即进入打印界面，用户可以在此设置打印的页面范围、打印内容和打印份数等。

3 此时即可在右侧的预览区域查看预览效果。

4 设置完毕，直接单击【打印】按钮 即可。

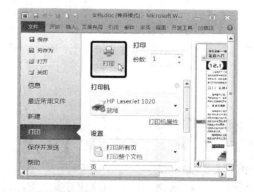

16.1.3 打印机故障排除及维护

在使用打印机的过程中，可能会出现这样或那样的问题，因此，了解打印机的一些常见故障和排除方法就显得非常重要了。另外，作为办公人员还应当掌握一些打印机的维护和保养方法。

◯ 打印机常见故障的排除

打印机在使用的过程中会出现的一些常见故障，接下来有针对性地讲解一些常见故障的排除方法。

打印机卡纸

在打印操作中，经常遇到打印机卡纸的现象，此时，打印机操作界面上的指示灯会发亮以向主机发出报警信号。这种现象主要是由纸张的输入或者输出通道中有杂物、纸张大小不符或者纸盒不进纸等原因造成的。

在出现这种故障时首先要打开机盖，接着按照进纸的方向取出卡住的纸张，这样继续打印时就不会出现卡纸的现象了。

打印字迹模糊

打印机在使用的过程中，可能会出现字迹模糊的现象。这种故障主要与打印机的硬件有关。

出现这种故障时应该首先对打印头进行清洗，或者使用吸水性较强的纸擦拭靠近打印头的位置，如果仍不能解决问题就需要重新安装打印机驱动程序或者更换墨盒。

打印效果与预览效果不符

在打印文档的过程中往往还会出现打印出来的效果与打印预览时看到的效果不相符，这主要是由编辑文件时的设置失误造成的。

要想排除这种故障，就需要对打印文档的纸张大小、类型以及每行的字数重新进行设置，然后再进行打印。

◯ 打印机的维护与保养

要想使打印机时刻保持正常的工作状态，少出各种故障，最重要的就是要定期对其进行维护和保养，接下来介绍一些简单的维护与保养的方法。

(1) 打印机必须在干净、无尘的环境中使用，使用时不要用手指触摸打印针表面，应定期用无水酒精擦洗打印头。

(2) 打印机不能放置在阳光直射或靠近热源的地方，放置打印机的工作台必须平稳、无震动。

(3) 需要插拔打印机和主机的连接电缆时，应关闭主机和打印机的电源。在通电的情况下切勿用手移动打印头，以防止损坏打印机接头。

(4) 打印时要把托纸架完全拉开，否则会因打印机不能顺利进纸而造成打印失败。

(5) 要使用与打印机型号相同的墨水，墨水盒是一次性用品，使用完毕不能向其中注入其他墨水。

16.2 安装和使用扫描仪

扫描仪是常用的计算机外部设备之一，可以将各种图案转化成电子文档格式，在日常工作中应用非常广泛。

16.2.1 认识与安装扫描仪

介绍扫描仪的使用方法之前，首先应当了解扫描仪的种类及安装的方法。

扫描仪主要分为两类，即平板式扫描仪和滚筒式扫描仪。

○ 平板式扫描仪

平板式扫描仪的分辨率很高，被广泛地应用于各类图形图像的处理、电子出版以及办公自动化等领域，是目前市场上的主流产品，但其价格偏高。

○ 滚筒式扫描仪

滚筒式扫描仪根据使用领域的不同又分为大幅面扫描仪和高精度扫描仪两类，其中大幅面扫描仪主要应用于工程图纸输入领域，而高精度扫描仪则主要应用于专业的图像领域，其精度很高，但是价格很贵。

安装扫描仪主要分为3个步骤，分别是将扫描仪与电脑进行物理连接、安装扫描仪驱动程序和安装扫描软件。

接下来就以公司最新购买的佳能D1250U2型扫描仪为例讲解扫描仪的详细安装过程。

1. 连接扫描仪与电脑

安装扫描仪时首先要将扫描仪与电脑进行物理连接，具体步骤如下。

1 将扫描仪电源线圆形的一端连接到扫描仪后部右侧的黑色圆形插孔中，将其另一端插到电源插座上。

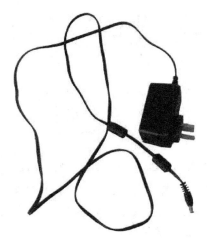

2 将扫描仪数据线的方形接口的一端插到扫描仪电源插孔旁边的方形插孔中，再将其另一端连接到电脑的USB接口中。

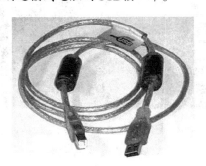

3 此时即可将扫描仪与电脑连接到一起。

2. 安装扫描仪驱动程序

将扫描仪连接到电脑上之后系统即可检测到新硬件，接下来安装扫描仪驱动程序，具体步骤如下。

1 打开扫描仪驱动程序包，双击【运行程序】图标。

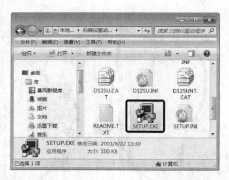

2 随即弹出【CanoScan】对话框，进入【CanoScan安装光盘】界面，然后单击【安装软件】超链接。

3 进入【佳能软件许可协议】界面，阅读完许可协议之后单击 是 按钮。

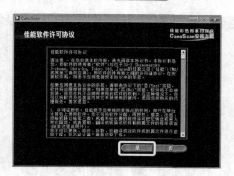

4 如果用户不是系统管理员，单击 是 按钮之后将会打开一个对话框，提示用户应由系统管理员进行软件的安装和删除操作，然后单击 是 按钮继续安装即可。

5 进入【安装】界面，这里列出了此扫描仪附赠的所有软件，并且默认情况下所有的软件都呈选中状态，这里只选中第一个扫描应用程序【ScanGear Toolbox】复选框，撤选其他的复选框，然后单击右下角的【开始安装】超链接。

6 随即弹出一个提示对话框，询问用户是否确认安装ScanGear Toolbox扫描应用程序，然后单击 是 按钮。

7 稍等片刻即可进入【Canon ScanGear Toolbox安装】界面，同时弹出一个【欢迎】对话框，然后单击 下一步(N) > 按钮。

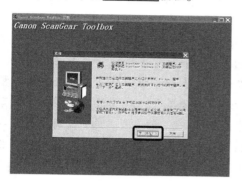

8 弹出【选择目标位置】对话框，用户可以在此选择软件的安装位置，系统默认将其安装到C盘，这里保持默认的安装位置不变，然后单击 下一步(N) > 按钮。

9 弹出【选择程序文件夹】对话框，用户可以在此选择安装程序的存放文件夹，这里保持默认的设置不变，继续单击 下一步(N) > 按钮。

10 此时系统即可开始安装该软件，并显示出安装进度。

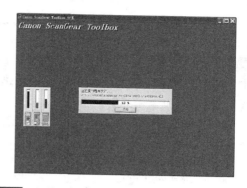

11 安装完毕即可自动地关闭该对话框，同时弹出一个提示对话框，按照提示信息单击 退出 按钮。

12 进入【安装成功完成】界面，提示用户需要重新启动电脑才能使用软件，最后单击 是 按钮重启电脑即可。

16.2.2 扫描文件

将扫描仪安装好了之后，接下来就可以将需要的文件扫描到电脑中了。

1 将需要扫描的文件正面朝下放入扫描仪中，盖好扫描仪的盖板，接着在桌面上选择【开始】➤【所有程序】➤【Canon ScanGear Toolbox 3.1】➤【ScanGear Toolbox 3.1】菜单项。

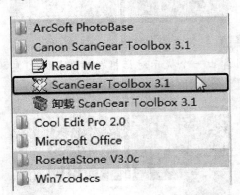

2 打开【ScanGear Toolbox】窗口，然后单击【保存】按钮。

3 随即弹出【保存】对话框。

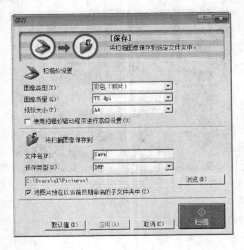

4 在【图像类型】下拉列表中选择【彩色（自动裁切）】选项，接着在【将扫描图像保存到】组合框中的【文件名】文本框中输入"保险单"，在【保存类型】下拉列表中选择【JPEG】选项，选中【将图片放在以当前日期命名的子文件夹中】复选框，然后单击下方的存储路径文本框右侧的 浏览(B)... 按钮。

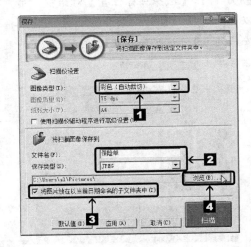

5 弹出【浏览文件夹】对话框，在【选择目录】列表框中选择扫描文件的存储位置，设置完毕单击 确定 按钮。

6 返回【保存】对话框，此时即可在存储路径文本框中显示出用户所设置的存储位置，然后单击该对话框右下角的 按钮。

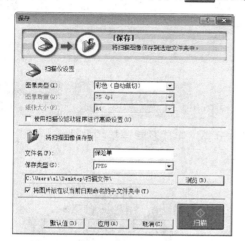

7 此时扫描程序即可开始扫描文件，同时弹出【ScanGear CS—U】对话框，提示用户系统正在调整灯。

8 稍等片刻系统即可进行预扫描，并显示出扫描进度。

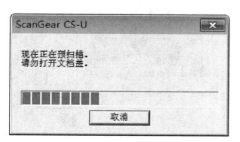

9 扫描完毕即可开始裁切图片，并显示出裁切进度。

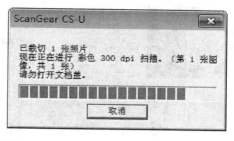

10 裁切完毕系统会自动地关闭该对话框，同时打开存储扫描文件的文件夹，用户即可看到所扫描的文件。

11 双击该文件即可在看图软件中打开该文件。

16.3 安装和使用传真机

传真机是应用扫描和光电变换技术，把要发送的文件、图表、照片等转化为声频信号进行数据传送的通信设备。

16.3.1 认识与安装传真机

在讲解传真机的使用方法之前，首先介绍传真机的分类、组成及其连接的方法。

○ 认识传真机

传真机也是办公室中常用的设备之一，使用传真机可以快速地在公司与公司之间传递各种文件。

按照功能的不同可以把传真机分为简易型传真机、标准型传真机和多功能型传真机3类。简易型传真机只具有简单的收发传真和复印的功能；标准型传真机除了具有上述功能之外还具有来电显示、自动进纸、自动切纸和无纸接收的功能；而多功能型传真机则集打印机、传真机和复印机的功能于一体，同时还具有电话录音和呼叫转移的功能。

传真机一般是由操作面板、纸张入口、纸张出口、显示屏、受话器和导纸器6部分组成。

○ 连接传真机

使用传真机之前必须要正确地连接传真机，首先要用传真机附带的电话软线将电话线与传真机上的"LINE"插口连接，然后接通传真机的电源就可以了。

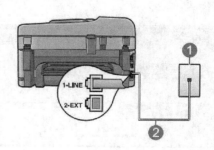

16.3.2 发送会议传真

发送传真主要有手动发送和自动发送两种方式，只要将传真机连接好了之后就可以发送传真了。接下来就以发送会议传真为例介绍发送传真的方法。

1 将纸张入口处的文稿引导板调整为需要发送的文件的纸张宽度，接着将需要发送的文件正面朝下地放入纸张入口。

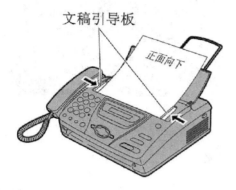

2 拿起受话器或者按下操作面板上的【免提】键，拨打接收方的电话号码，当接通后要求对方给出接收信号。

3 对方回应后会听到对方传真机传来的接收信号（一般为"嘟嘟嘟……"声），此时按下操作面板上的【开始】键即可开始向对方发送文件。

【传真/开始】

4 传真文件发送完毕即可自动地从纸张出口移出。

16.3.3 接收会议传真

介绍了发送传真的方法后，接下来讲将如何接收传真。

1 传真机响铃之后拿起受话器会听到对方要求给出接收信号，此时按下操作面板上的【开始】键即可给对方一个接收信号。

2 发出信号音并开始接收传真，接收完毕接收到的文件就会从纸张出口移出。

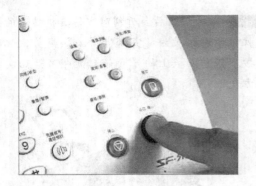

16.4 可移动存储设备——U盘

可移动存储设备是可以连接电脑、存储资料并且能够随身携带的信息媒介。常见的可移动存储设备有U盘、各种内存卡（TF卡、SD卡）、移动硬盘、手机、数码相机等。

16.4.1 认识移动存储器

为了能够快速地了解移动存储器的一些基本特性，接下来介绍目前使用比较广泛的几种移动存储器，包括U盘、MP3、MP4和移动硬盘等。

1. U盘

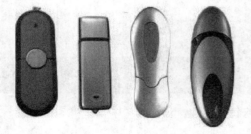

U盘是一种体积较小的移动存储器。U盘全称"USB闪存盘"，具有读写速度快、体积小、便于携带、使用方便的特点，因而深受广大用户的喜欢。

U盘通常具有一个USB接口，无需物理驱动器，即可通过USB接口与电脑连接，实现即插即用。

2. MP3

MP3就是英文MPEG—1 Audio Layer—3的缩写。MP3的工作原理就是利用MPEG Audio Layer 3技术将声音等资料用1:10甚至1:12的压缩率变成容量较小的文件存储起来。使用MP3可以压缩较多的文件，也可以调整压缩比率，但是压缩的越多失真也就越大。

3. MP4

　　MP4是继MP3之后的又一种移动存储器。MP4采用的是MPEG—2 AAC技术，它支持MPEG—4视频格式。与MP3相比，它的音质更完美，压缩比率更大，它还具有MP3所没有的一些特性，比如完美再现立体声、扫描比特流效果音、多媒体控制以及降噪等，可以完美地再现CD的音质。

4. 移动硬盘

　　移动硬盘是以硬盘为存储介质的便携式存储器。移动硬盘的存储容量大，传输速度快，并且与内置硬盘一样有多种不同的存储容量供用户选择。

　　目前，市场上的移动硬盘容量为320GB、500GB、600G、640GB、900GB、1000GB（1TB）等。

16.4.2　使用移动存储器

　　接下来以使用U盘为例，介绍移动存储器的使用方法。

　　使用U盘的具体步骤如下。

1　将U盘的USB接口插到电脑上的USB接口上，此时在状态栏的通知区域就会出现一个移动存储设备的图标，提示用户发现新硬件。

2　同时，在桌面上出现U盘的图标。

3　在桌面上双击【计算机】图标，打开【计算机】窗口，在此即可看到该移动存储器的盘符图标。

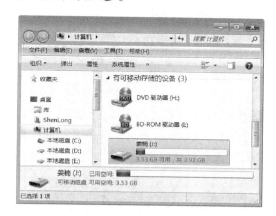

提示

　　另外，直接双击桌面上的U盘的图标，也可以将其打开。

4 双击图标 💾 即可打开【可移动磁盘（J：）】窗口，并且可以查看其中所存储的所有文件，用户可以根据实际需要添加或者删除文件。

5 在电脑中找到需要复制到可移动磁盘的文件，例如找到文件"劳动合同.doc"，然后在该文档上单击鼠标右键，从弹出的快捷菜单中选择【复制】菜单项。

6 返回【可移动磁盘（J：）】窗口，按下【Ctrl】+【V】组合键，将所复制的"劳动合同"文档粘贴到此窗口中。

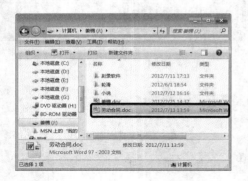

7 粘贴过程中，如果文件容量较大，会弹出复制进度对话框，提示用户正在复制文件，并显示剩余时间。

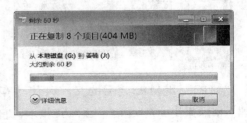

8 U盘使用完毕需要将其从电脑中移除，此时不能直接将U盘从电脑中拔出，这样会损坏U盘的插口。正确的做法是将鼠标指针移动到移动存储设备图标 上，此时会出现【安全删除硬件并弹出媒体】文字框。

9 单击移动存储设备图标，在弹出的快捷菜单中选择【弹出v3.3.9.6】选项。

10 随即系统会弹出一个提示框，提示用户可以安全地移除硬件，此时即可将U盘从电脑中拔出。

提示

其他移动存储器的使用方法与U盘的使用方法相似，只不过其他移动存储器可能需要使用数据线与电脑相连接。

高手过招

个人电脑如何通过公司打印机进行打印

一个公司通常拥有一台打印机，但局域网内可能拥有多个电脑用户，此时就可以共享打印机，然后将个人电脑连接到公司打印机，此时即可实现打印机的共享共用。

1 首先要将公司电脑进行共享，然后在个人电脑的桌面上选中【网络】图标，然后单击鼠标右键，在弹出的快捷菜单中选择【打开】菜单项。

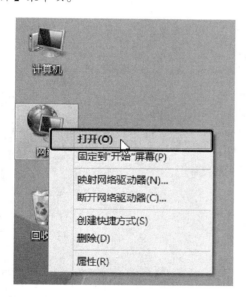

2 此时即可查看公司的所有电脑，然后双击安装并共享打印机的公司电脑。

3 随即打开该电脑的网络对话框，选中共享的打印机，然后单击鼠标右键，在弹出的快捷菜单中选择【连接】菜单项。

4 随即弹出【打印机】对话框，直接单击 安装驱动程序(I) 按钮即可。

5 弹出【Windows打印机安装】对话框，进入打印机连接状态，连接完毕，会自动退出。接下来就可以使用个人电脑通过公司打印机进行文件打印了。

6 打开要打印的Word文件，单击 文件 按钮，在弹出的快捷菜单中选择【打印】菜单项。

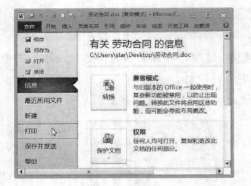

7 随即进入打印界面，在【打印机】下拉列表中选择连接到的打印机，并设置打印份数，然后单击 按钮。此时，即可将文件通过公司打印机打印出来了。

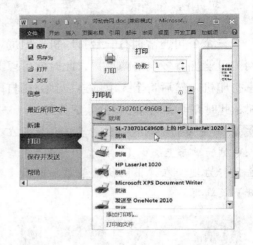

第17章

电脑的维护与安全

Windows 8系统的优化与维护对于系统的稳定运行起着至关重要的作用。特别是当电脑接入Internet之后，会使得病毒的传播更加迅速。因此用户应该加强系统的安全维护和病毒防范工作。

关于本章的知识，本书配套教学光盘中有相关的多媒体教学视频，请读者参见光盘中的【电脑的安全与维护】。

Windows 8系统的优化

为了提高系统的运行速度和稳定性，用户应该使用系统自带的工具，例如程序管理器、系统配置管理器和注册表编辑器等，对系统进行优化设置，减小系统体积，提高系统运行速度。

17.1.1 清理磁盘

磁盘清理程序是Windows系统中自带的一款用来进行磁盘清理的工具。用户可以使用磁盘清理程序减少硬盘上不需要的文件数量，释放磁盘空间让电脑运行得更快。使用磁盘清理程序可以删除临时文件、清空回收站，并删除各种系统文件和其他不再需要的文件。

使用磁盘清理程序的具体步骤如下。

■ **1** 用户也可以打开计算机中所要清理的磁盘，如选中本地磁盘（C:），单击右键选择【属性】。

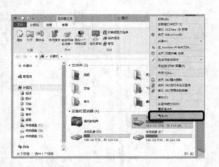

■ **2** 在弹出的对话框中选择【工具】选项卡，单击【检查】按钮。

■ **3** 单击"扫描驱动器"，进行检查。

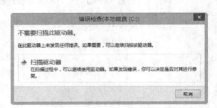

■ **4** 单击工具选项卡中的【优化】按钮。

■ **5** 先单击 [分析(A)] 按钮，扫描分析磁盘。

6 也可按【Win】+【R】组合键，弹出【运行】对话框，在【打开】下拉列表文本框中输入"cleanmgr"，然后按【Enter】键，即可打开磁盘清理程序。

7 在【磁盘清理：驱动器选择】对话框中的【驱动器】下拉列表中选择需要清理的磁盘分区，在这里保持默认的系统分区（C:），然后单击 确定 按钮。

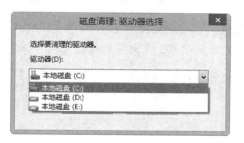

8 随即磁盘清理程序会进行磁盘垃圾的检查，稍后弹出【本地磁盘（C:）的磁盘清理】对话框，将结果显示出来以供用户决定如何处理。

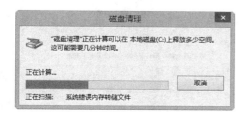

9 用户可以选择【要删除的文件】列表中的文件，当选择某个选项时会在【描述】信息栏中给出该选项的描述信息，用户可以据此判断是否需要清理。用户还可以单击 查看文件(V) 按钮或 清理系统文件(S) 按钮，打开保存这些文件的文件夹查看其中的文件。

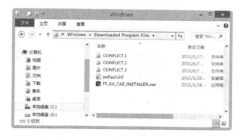

10 选择需要删除的文件后单击 确定 按钮，弹出【确实要永久删除这些文件吗？】对话框。

11 单击 删除文件 按钮，磁盘清理程序开始清理磁盘文件，完成后会自动退出。

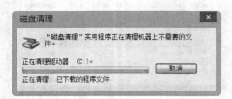

12 如果单击【本地磁盘（C:）的磁盘清理】对话框中的 清理系统文件(S) 按钮，则会重新打开【磁盘清理：驱动器选择】对话框。

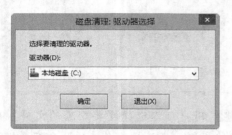

13 单击 确定 按钮，返回【本地磁盘（C:）的磁盘清理】对话框，可以看到该对话框多了一个【其他选项】选项卡。

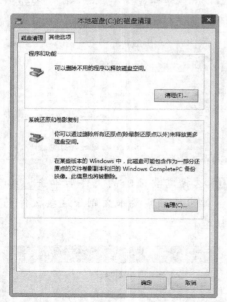

14 单击【程序和功能】组合框中的 清理(E)... 按钮，弹出【卸载或更改程序】窗口，用户可以通过删除不用的程序来释放磁盘空间。

15 在需要卸载的程序上单击鼠标右键，在弹出的快捷菜单中选择【卸载/更改】菜单项，即可打开程序的卸载向导，然后根据提示逐步操作即可完成该程序的卸载操作。

16 如果单击【系统还原和卷影复制】组合框中的 清理(E)... 按钮，则可弹出【你确定要删除所有还原点（除最近的以外）吗？】对话框。

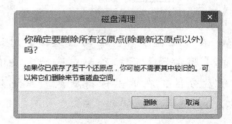

17 单击 删除 按钮，即可删除最近还原点以外的还原点，完成释放硬盘空间的操作。

17.1.2 将文件从磁盘中彻底删除

在Windows 8系统中，用户删除的文件默认保存到【回收站】里，并没有真正删除，还会继续占用磁盘空间，这样的设计是为了给用户提供被恢复错误删除的文件的机会。

用户可以通过彻底删除文件或清空【回收站】中的文件来释放硬盘空间。

1. 彻底删除文件

1 如果需要彻底删除某个文件或文件夹，可以直接按【Shift】+【Delete】组合键，弹出【删除文件】对话框。单击 [是(Y)] 按钮即可彻底删除选定的文件或文件夹。

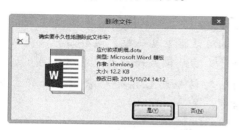

2 若用户已经把文件或文件夹删除到【回收站】里，可以双击桌面上的【回收站】图标，弹出【回收站】窗口，选择窗口中的文件或文件夹，然后在选中的选项上单击鼠标右键，从弹出的快捷菜单中选择【删除】菜单项。

3 弹出【删除文件】对话框，单击 [是(Y)] 按钮就可以彻底删除文件了。

提示

用户在【回收站】窗口中按【Ctrl】+【A】组合键，选中所有的项目后，单击鼠标右键，从弹出的快捷菜单中选择【删除】菜单项就可以实现与清空回收站一样的效果。

2. 清空【回收站】

1 在桌面上的【回收站】图标上单击鼠标右键，从弹出的快捷菜单中选择【清空回收站】菜单项。

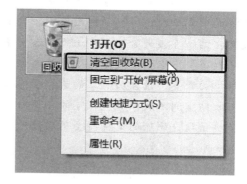

2 弹出【删除多个项目】对话框，单击 [是(Y)] 按钮即可清空回收站。

提示

> 清空【回收站】或在【回收站】中删除指定文件后，被删除的内容将无法恢复。

3. 更改【回收站】设置

用户可以对【回收站】的属性进行设置，具体的操作步骤如下。

1 在桌面上的【回收站】图标上单击鼠标右键，从弹出的快捷菜单中选择【属性】菜单项。

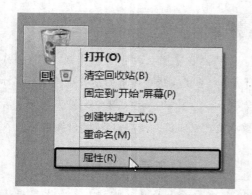

2 弹出【回收站 属性】对话框，用户可以对各硬盘分区的回收站属性进行设置。选中相应的回收站位置后，选中【不将文件移到回收站中】单选钮，可以使文件删除时不经过回收站而直接删除。用户还可以选中【自定义大小】单选钮，然后更改【最大值】文本框中的数量，设置回收站的最大空间值，当回收站空间不足以放置删除的文件时，系统会提示用户删除的文件将会不经过回收站而彻底删除的信息。

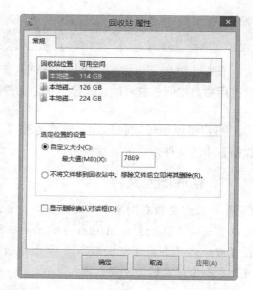

3 用户还可以根据需要撤选【显示删除确认对话框】复选框，这样用户在将文件删除时（不是彻底删除），就不会再出现确认删除对话框而直接将删除的文件移至回收站中。

4. 禁用休眠功能

Windows 8操作系统在安装完成后，会默认打开休眠功能，在操作系统所在分区中创建一个名为"hiberfil.sys"的系统隐藏文件，该文件的大小与正在使用的内存容量有关。

当用户对电脑下达休眠指令的时候，它会把目前所有的工作状态（也就是内存中的资料）存储到硬盘里的某个文件中，对Windows 8系统来说就是hiberfil.sys文件，然后关机，当下次电脑启动时便可以从这个文件还原最后的工作内容。休眠很占系统盘空间，但并不是每个人都会用到这项功能，在这种情形下，休眠文件便会浪费硬盘空间。因此用户可以通过关闭系统的休眠支持功能，释放更多的硬盘空间。

关闭休眠功能的具体步骤如下。

▌▌▌ **1** 按住【开始】按钮+【X】组合键，在弹出菜单中选择【电源选项】。

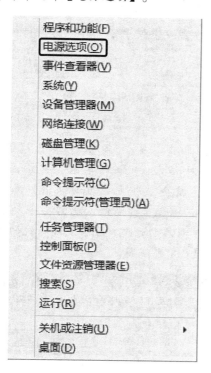

▌▌▌ **2** 在弹出的窗口中选择【更改计算机睡眠时间】。

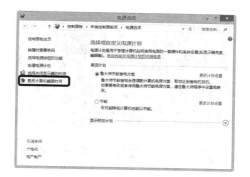

▌▌▌ **3** 在弹出的窗口单击【使计算机进入睡眠状态】在下拉列表中选择【从不】，然后单击【保存修改】按钮。

▌▌▌ **4** 关闭窗口。至此，Windows 8下关闭休眠功能的教程结束。

17.1.3 系统提速

用户可以对一些选项进行设置，例如减少系统启动时自动加载的程序、选择合适的系统性能设置、禁用无用的服务、结束多余的进程，以及进行磁盘碎片整理等，从而提高系统运行的速度。

1. 更改应用软件的安装位置

更改应用软件安装位置的具体步骤如下。

▌▌▌ **1** 一般来说应用软件会被默认选择安装到系统分区的 "Program Files" 文件夹中。

2 用户可以把安装位置更改到其他分区，例如在D盘新建一个"常用软件"文件夹，然后把新安装的程序全部安装到这个目录下。

2. 减少开机启动项

用户在使用电脑的过程中，有时会感觉电脑的开机很慢，这是因为电脑开机的时候加载的启动项太多的缘故。用户在安装了一些软件后，这些软件会自动地添加到启动项中，如腾讯QQ、杀毒软件、迅雷、360安全卫士、Photoshop和输入法等，这些软件都随开机启动，导致系统启动非常慢，因此用户可以通过减少开机启动项来加快电脑开机速度。减少开机启动项的具体步骤如下。

1 按【Win】+【R】组合键弹出【运行】对话框，在【打开】下拉列表文本框中输入"msconfig"，然后按【Enter】键，单击 确定 按钮。

2 弹出【系统配置】对话框，切换到【启动】选项卡，撤选列表框中不必要的启动项目前面的复选框（如有必要可全部撤选，因为这里的所有启动项都不是系统必需的，即取消它们以后不会对系统造成损害。但对于

像杀毒软件这样的启动项，用户最好还是不要将其撤选）。

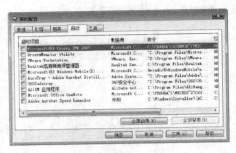

3 单击 确定 按钮，弹出【系统配置】对话框。如果单击 重新启动(R) 按钮，就会立即重新启动电脑；如果单击 退出而不重新启动(X) 按钮，就需要手动启动电脑，重新启动时用户就会发现系统的开机运行速度已有所提高。

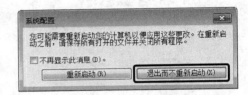

3. 结束多余的进程

结束多余进程的具体步骤如下。

1 打开【任务管理器】窗口，并切换到【详情信息】选项卡。在列表中查找多余的进程，然后在相应的映像名称上单击鼠标右键，从弹出的快捷菜单中选择【结束进程】或【结束进程树】菜单项。

2 在弹出的对话框中单击 结束进程树 按钮即可。

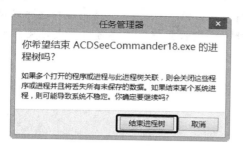

4. 禁用无用的服务

禁用无用的服务的具体步骤如下。

1 打开【任务管理器】窗口，切换到【服务】选项卡，在列表中无用的服务上单击鼠标右键，在弹出的快捷菜单中选择【停止】菜单项。

2 用户可能发现有很多服务无法被停止，为此可以单击【打开服务】，弹出【服务】对话框，然后从中可以进行更多的设置。

5. 整理磁盘碎片

一切程序对磁盘的读写操作都有可能在磁盘中产生碎片。在日常使用的过程中，用户不停地安装、删除以及更新磁盘上的文件，随着时间的推移，磁盘上就会产生越来越多的文件碎片，这会严重地影响系统的性能，造成磁盘空间的浪费，甚至会缩短磁盘的使用寿命。因此用户应该及时地整理磁盘碎片。具体的操作步骤如下。

1 打开【计算机】窗口，在窗口中的硬盘驱动器（以本地磁盘（C:）为例）上单击鼠标右键，然后从弹出的快捷菜单中选择【属性】菜单项。

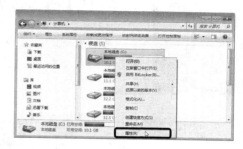

2 弹出【本地磁盘（C:）属性】对话框，切换到【工具】选项卡，并单击 优化(O) 按钮。

3 弹出优化驱动器窗口，选择【当前状态】列表框中要进行碎片整理的磁盘，然后单击 优化(O) 按钮即可。

4 在Windows 8系统中，磁盘碎片是可以同时进行整理的，当用户选择其他分区时，同样可以单击 优化(O) 按钮立即对该磁盘分区进行整理，这样可以大大地缩短整理磁盘碎片需要的时间。

17.2 防范网络病毒的入侵

随着电脑的普及和网络技术的日益发展，电脑病毒也更加肆虐，给很多企业和个人造成了难以计数的损失。

17.2.1 电脑病毒的种类和特点

按照计算机病毒攻击的系统分，常见的电脑病毒有DOS病毒、Windows病毒和宏病毒3种。电脑病毒与医学上的"病毒"不同，它是某些别有用心的人利用电脑软、硬件所固有的脆弱性而编制成的一段具有特殊功能的代码，具有隐蔽性、传染性、潜伏性、破坏性以及寄生性等特点。

1. 电脑病毒的种类

○ DOS病毒

DOS病毒是一种只能在DOS环境下发作、传染的电脑病毒，是个人电脑中最早出现的电脑病毒。

○ Windows病毒

这类病毒是指能感染Windows可执行程序并可以在Windows下运行的一类病毒。有相当一部分DOS病毒可以在Windows的DOS窗口下运行、传播、破坏，但它们还不是Windows病毒。Windows病毒按其感染的

对象又可以分为感染NE格式可执行程序的Windows病毒、感染PE格式可执行程序的Windows病毒两种。

○ 宏病毒

随着微软公司Word文字处理软件的广泛使用和网络的推广普及，病毒家族又出现了一个新成员，这就是宏病毒。宏病毒是一种寄存于文档或模板的宏中的电脑病毒。一旦打开这样的文档，宏病毒就会被激活，转移到该电脑上，并驻留在Normal模板上。从此以后，所有自动保存的文档都会感染上这种宏病毒，而且如果其他用户打开了感染病毒

的文档，宏病毒又会转移到他的电脑上。

2. 电脑病毒的特点

◯ 隐蔽性

隐蔽性是指病毒的存在、传染和对数据的破坏过程不易被电脑操作人员发现。

◯ 传染性

传染性是指电脑病毒在一定的条件下可以自我复制，并能感染其他的文件或系统。传染性是电脑病毒最基本的一个特性。

◯ 潜伏性

电脑病毒感染了电脑中的文件后并不会立刻运行，而是等待一段很长的时间后才开始传染并破坏电脑中的文件或系统。

◯ 破坏性

电脑中毒后，轻则会造成电脑运行速度减慢、磁盘空间减少，重则会导致电脑中的数据丢失，甚至系统崩溃。

◯ 寄生性

该特性是指电脑病毒通常是依附于其他文件而存在的。

17.2.2　使用360安全卫士

360安全卫士是一款安全类上网辅助软件，它拥有查杀恶意软件、插件管理、病毒查杀、诊断及修复四大主要功能，同时还提供弹出插件免疫、清理使用痕迹以及系统还原等特定辅助功能。此外，360安全卫士自身非常轻巧，还可以优化系统，大大加快了电脑运行速度，同时还拥有下载、升级和管理各种应用软件的独特功能。

1. 修复漏洞

这里的系统漏洞特指Windows操作系统在逻辑设计上的缺陷或在编写时产生的错误，这个缺陷或错误可以被不法者或者电脑黑客利用，通过植入木马、病毒等方式来攻击或控制整个电脑，从而窃取电脑中的重要资料和信息，甚至破坏系统。所以要经常检查并修复漏洞，确保系统安全，具体操作步骤如下。

1 启动IE浏览器，在地址栏中输入"http://www.360.cn/"，打开360安全卫士官方网站，下载其最新版本，并安装到电脑中。

2 双击桌面的【360安全卫士】图标启动该软件，单击【漏洞修复】按钮，软件会自动检测系统漏洞。

3 如果系统中存在高危漏洞，选中要修复的高危漏洞前面的复选框，单击 立即修复 按钮，软件即会自动修复漏洞。

2. 系统修复

当360安全卫士无法正常安装、运行或者升级时，你的电脑极有可能已经被木马程序、恶性病毒入侵，360安全卫士被其破坏，处于十分危险的状态。此时，用户可以进行系统修复。

1 在【360安全卫士】软件窗口中，单击【常规修复】按钮。

2 此时，软件会自动检测可以修复的常规项目。

3 如果存在可以修复的常规项目，直接单击 立即修复 按钮即可。

3. 查杀木马

利用计算机程序漏洞侵入后窃取文件的程序被称为木马。它是一种具有隐藏性和自发性的可被用来进行恶意行为的程序，一般不会直接对电脑产生危害，而是以控制为主。

查杀木马的具体步骤如下。

1 在【360安全卫士】软件窗口中，单击【查杀木马】按钮。

2 单击【快速扫描】按钮。

3 此时，软件会自动进行快入扫描状态。

17.3 日常安全维护

经常使用电脑，会发现电脑会出现很多问题，这就要求用户在平常使用的电脑的时候，要有一个良好的习惯，常给电脑做做体检、定期进行清理维护等。

17.3.1 电脑体检

360安全卫士的"电脑体检"是目前中国网民电脑安全状况的标尺，近80%电脑用户通过这项功能来查看和修复电脑的安全风险。

对电脑进行体检的具体操作步骤如下。

1 在【360安全卫士】软件窗口中，单击立即体检 按钮。

2 此时即可进入电脑体检状态。

3 体检完毕，即可看到体检得分，并显示需要优化的项目。

4 此时，用户可以单击 一键修复 按钮进行所有项目进行批量优化，也可以根据需要对单个项目进行优化。

17.3.2 清理插件

360安全卫士可以方便地卸载一些用户不需要的插件，以提高用户电脑的安全性，节省用户电脑的空间。

清理插件的具体操作步骤如下。

1 在【360安全卫士】软件窗口中，单击【电脑清理】按钮 ，然后在单击【清理插件】按钮 。

2 此时即可进入扫描状态。

3 扫描完毕，会提示用户是否存在建议清理的插件，如果存在恶意插件，用户根据需要进行清理即可。

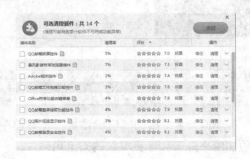

17.3.3 清理电脑垃圾

360安全卫士可以帮助用户清理电脑中的一些垃圾文件，像上网的缓存文件、系统的临时文件等，还可以清理用户使用电脑的痕迹！

电脑清理的具体操作步骤如下。

1 在【360安全卫士】软件窗口中，单击【电脑清理】按钮 ，选中需要清理的项目，然后单击清理垃圾 按钮。

2 此时即可进入扫描状态。

3 扫描完毕，单击 一键清理 按钮。

4 清理完毕，可以为电脑获得大量的磁盘空间，提高系统性能。

17.3.4 优化加速

360安全卫士中的优化加速可以帮助全面优化系统，以提高用户电脑的速度，使用户更加快速地上网。

优化加速的具体操作步骤如下。

1 在【360安全卫士】软件窗口中，单击【优化加速】按钮。

2 选择要加速的选项，选择【开机加速】再单击 开始扫描 按钮。

3 此时即可进入扫描状态。

4 单击 立即优化 按钮，即可进行全面优化。

高手过招

关闭多余的开机启动项

如果电脑中设置了很多开机启动项，就会导致电脑运行缓慢，影响正常工作。此时，用户可以根据需要禁止那些360安全卫士"建议禁止"的开机启动项。

1 打开360安全卫士，单击【优化加速】按钮，进入加速页面单击【启动项】。

2 进入【优化加速】界面，切换到【启动项】选项卡，然后在360安全卫士"建议禁止"的软件右侧单击 禁止启动 按钮即可。

系统加速

1 在【360安全卫士】软件窗口中，单击 运行加速 按钮。

2 此时即可系统加速。